# ぷしゅ よなよなエールがお世話になります

くだらないけど面白い戦略で社員もファンもチームになった話

ヤッホーブルーイング社長
井手直行
Naoyuki Ide

# はじめに

僕らのビール、変わってますか？　それとも、もう見慣れてますか？

長野県軽井沢町に本拠を置く僕らの会社、ヤッホーブルーイングの看板製品は「よなよなエール」です。このビール、売れない時期もありましたが、いまはファンのみなさんのおかげもあって、人気のブランドになりつつあります。

全国のコンビニエンスストアやスーパーマーケットで売られるようになりましたし、インターネット通販では、九年連続で楽天市場の「ショップ・オブ・ザ・イヤー」を獲得できました。

実はちょくちょく「変わったビールだね」と言われます。

まず、日本で一般的に飲まれている「ラガービール」ではなく、最近まであまり飲まれていなかった「エールビール」です。あえてキンキンに冷やさず、常温よりちょっと冷たい程度に冷やし、フルーティな香りを楽しみます。

しかも、名前が「よなよなエール」。ビールって普通、ネーミングにはおいしそうな語感や、「ホップ」「麦」などの素材の名や、イメージがいい横文字を使ったりしますよね。なのに、僕らのビールは「よなよな」です。

デザインは和風で、花札をモチーフにしています。こんな缶、ビールの業界に前例はなかったと思います。

僕らのほかの製品も同じです。「インドの青鬼」「水曜日のネコ」、限定製品の「前略好みなんて聞いてないぜSORRY」、ローソン限定製品の「僕ビール、君ビール。」……。

会社の体制も「変わってるね」と言われます。

全員がニックネームで呼び合います。僕のアシスタントは、まだ二〇代の若手ですが、ちょっと老けて見えるから、自ら「なおじい」と名乗っています。僕自身も、以前、よなよなエールの通販サイトで店長を務めていたことから「てんちょ」と呼ばれています。

会議でも「よなよなエール広め隊」ユニットの「マリリン」や「ハラケン」が、「ねえ、

てんちょ！」なんて砕けた雰囲気で話しかけてくれます。

しかも、部署名まで変と言われます。「よなよなエール広め隊」は、一般的に言えば広報担当です。ほかにも、通販営業は「i・通販団」、人事・総務は「ヤッホー盛り上げ隊」、物流の部署に至っては「ハッピーお届け隊」です。

でも、理由があります。よく「役職名でなく『さん』付けで呼ぼう」とする会社がありますよね。それって、本質としては、働く人同士の距離を縮めたいという思いがあるはずです。であれば、ニックネームのほうがもっといいでしょ？　というのが僕らの考え。部署名だって「総務部」でいいことはわかっています。でも、「盛り上げ隊」のほうが、自分たちの使命を理解したうえで働けます、よね？

他社の方や社員たちいわく、僕も少々「変わり者」のようです。

いえ、僕自身は変わり者と思ってはいません。一度、社員に「てんちょは、まじめをこじらせてる」と言われたことがあって、僕はこの表現がしっくりきています。

実際に、僕はまじめで真剣です。

例えば、楽天市場の「ショップ・オブ・ザ・イヤー」を受賞したとき、ちょうど「日経ビジネスが選ぶ日本のイノベーター三〇人」に選ばれたばかりだったから、ここぞとばかりに「ふははは！　なぜインベーダーだとわかった！」と、仮装を披露しました。

これも、ふざけているわけではありません。

楽天の「ショップ・オブ・ザ・イヤー」の授賞式では何十人もの受賞者が登壇します。来賓も多数います。内心はドキドキです。追い出されるかも知れない。楽天の方に迷惑をかけるかも知れない。でも、僕らのような知名度もない小さな会社のビールや立ち位置を知ってもらいたくて、体を張って広報しているのです！

こんな僕らですが、実は、最初からノリノリで、製品も人気があったかと言えば、むしろ逆でした。

スキー場で、頭に雪を積もらせながらビールを売ったこともありました。

僕がネット通販を始めても、社内で冷ややかな目で見られていた時期もあります。

僕らのビールが売れなかったせいで、コンビニや問屋の担当者の方に、大迷惑をかけたことだってあります。

「こんなビール、日本じゃ売れないよ！」とあきらめ、会社を去って行った仲間を、ただ呆然（ぼうぜん）と見送ったこともありました。

でも僕らの会社はいま、昔に比べると、びっくりするほど雰囲気がいい。ファンとの絆（きずな）が深く、だからこそ、業績も順調に伸びている。

では、なぜ、いまのような会社に変われたのでしょうか？

無理に「売ろう」としない。

いわゆる「世の中的に正解」とされていることをやらない。

何が起きても「ちょうどいい」と思う。

など、いろいろあります。それをこれから明らかにしていきたいと思います。

では今宵（こよい）、ビール屋の物語に、ぜひお付き合いください――。

二〇一六年三月

ヤッホーブルーイング代表取締役社長　井手直行

ぷしゅ よなよなエールがお世話になります ＊ 目次


はじめに――001

## プロローグ――013

売れてないね、厳しいよ――013
悔し涙も、出なかった――018

## 第1章 おもしろそうな仕事は裏切らない――021

すべてを捨てたら好きなことが見えた――022
今度は、自然が豊かなところで働こう――026
パチンコ帰りの留守番電話――030
得意なことを仕事にすると、人は輝く――035

第2章
ファンは一〇〇人に一人でもいい――037
たった七人のスタート――038
よなよなエールのレシピの秘密――042
よなよな、ってよくない？――046

第3章
弁当代が出ないなら東京に行きません――053
売れすぎて、お詫びの日々――054
知らないことは経験者に聞こう！――056
誰かが喜んでくれるから頑張れる――060
トップダウン上司 VS 我の強い僕――062

## 第4章 どん底だから、この仕事に人生を賭ける――067


地ビールバブル崩壊――068
このままでは、もうダメだ――071
会社をたたんで釣りでもしよう――075


## 第5章 運命を変えた七年前の手紙――081


仮装した人が来てます！――082
僕らの個性ってなんだ？――087
まじめをこじらせよう、真剣にふざけよう！――090
冬眠の時期のナイスな決断――094
魔法の言葉「それはちょうどいい！」――099
出会いの瞬間を見逃したら、いまの僕らはいない――103
みんなにはできないことを、やる――112

## 第6章 スキルは挑戦しながら身につければいい —— 119


一本三〇〇〇円のビールが即日完売 —— 120
売れる製品には物語がある —— 129
驚異のビール三〇〇〇万円引き! —— 132
ヒット商品から学んだ三つの法則 —— 136
「よなよなエール」、ありがとう! —— 139
クレームも感動に変えられる —— 143


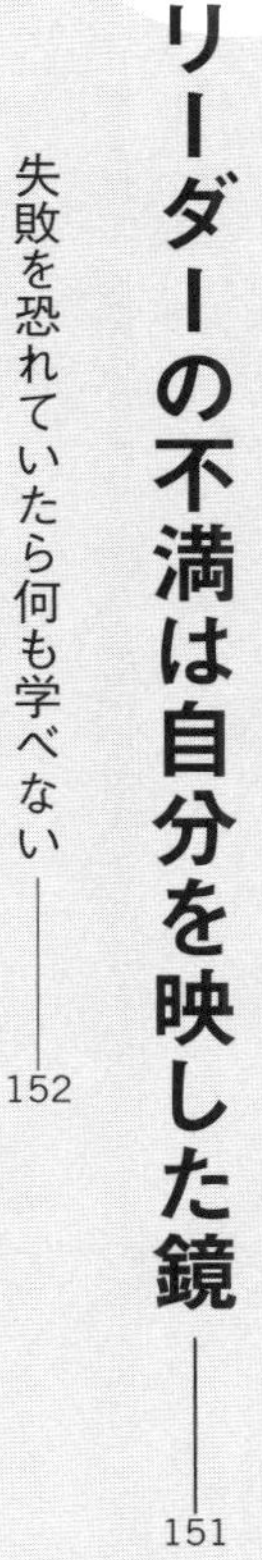

## 第7章 リーダーの不満は自分を映した鏡 —— 151


失敗を恐れていたら何も学べない —— 152
言うことを聞かないから社長にしよう —— 157
センター返し! 避ける二遊間! —— 160
将来の目標が違えばチームになれない —— 163
僕もかつては傍観者だった —— 166

## 第8章 早ければ早いほど、最高のチームができる——171


一人の力じゃ目標を達成できない——172

必ず仲が悪くなる混乱期がある——176

スタッフ〝でぶにい〟が流した涙——181

僕らが共有している価値——186

朝礼で仕事の話なんかしなくていい——193

部署名にも遊び心を！——199

僕らは知的な変わり者——205


## 第9章 僕らの働き方を変えたら、ファンも販売店もチームになった——209


なんでファンが伝道師になるんだろう？——210

ファンは僕らと触れ合う機会を求めていた——213

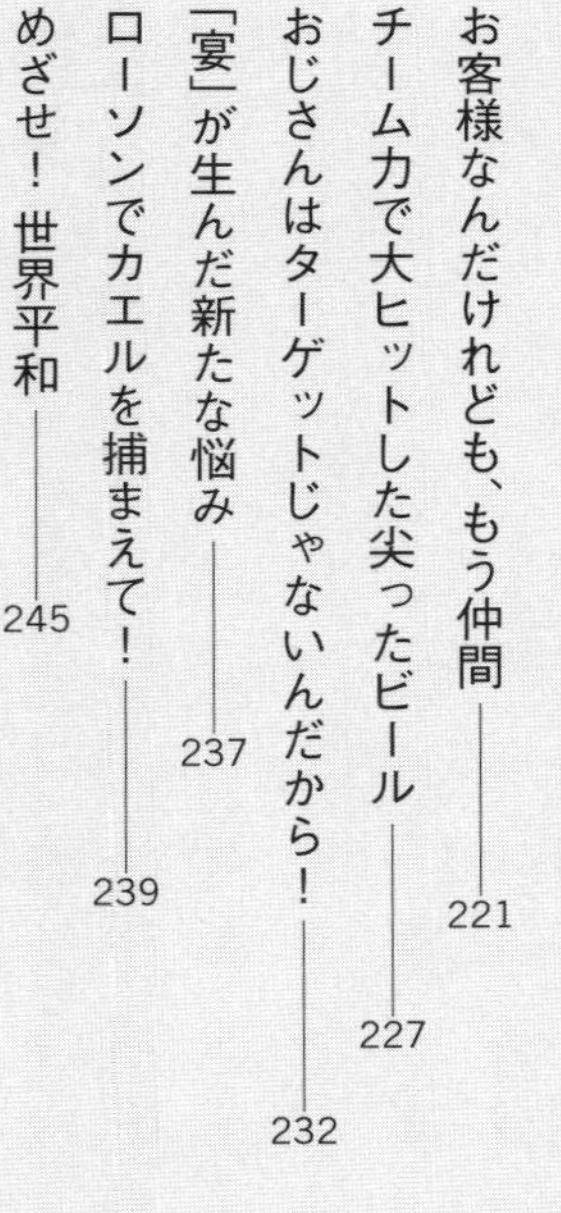


お客様なんだけれども、もう仲間——221

チーム力で大ヒットした尖ったビール——227

おじさんはターゲットじゃないんだから！——232

「宴」が生んだ新たな悩み——237

ローソンでカエルを捕まえて！——239

めざせ！　世界平和——245


## エピローグ——249


人生に幸せを！——249

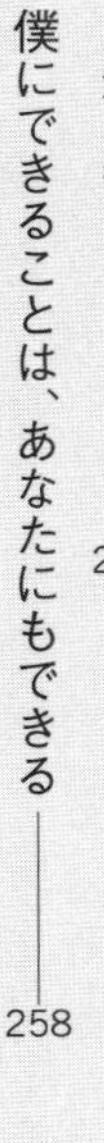

僕にできることは、あなたにもできる——258

構成者あとがき——265

付録　今夜から使える　エールビールの楽しみ方——271

# プロローグ

## 売れてないね、厳しいよ

いわゆる「地ビールブーム」が巻き起こったのは、一九九〇年代後半のことです。

長い間、ビールの醸造（じょうぞう）免許取得に必要な年間最低製造量は、二〇〇〇キロリットルと定められていました。一年間に大瓶（おおびん）に換算して約三〇〇万本以上生産しないと、ビールを醸造する免許を取得できなかったのです。

しかし九四年に、六〇キロリットル――大瓶に換算して年間一〇万本弱で免許を取得できるようになりました。当時の細川政権が行った規制緩和の目玉だったと言います。

なぜ六〇キロリットルだったかと言えば、最低限、この程度は売れなければ経営は成り立たないと考え、線引きされたようです。

この規制緩和によって、九〇年代後半、日本各地に小規模のビール醸造メーカーが誕生しました。海外では、これらさまざまなビールを、小規模なビール醸造所（ブルワリー）の職人が醸造していて、日本でも、同様になるはずでした。

ところが発売当初、僕らは見込みとまったく異なる事態に直面します。

小規模なビールメーカーのビールが、なぜか「地ビール」と呼ばれるようになったのです。この言葉には、「観光地でしか飲めない」という付加価値、プレミアム感、非日常感がくっついていました。しかも、わかりやすい言葉が生まれると、世の中は一気に動くもので、「地ビール」は大流行していきます。

九〇年代後半、行楽地にある地ビールをウリにしたレストランに行けば、一時間待ちは当たり前。地ビールメーカーは供給が追いつかず、「生産設備を増強しよう！」「もっといろんな小売店で売ろう！」と対応に追われました。この盛況を見て、新規開業するメーカーも多数ありました。

僕らも、この強い潮流に巻き込まれるしかありませんでした。

もともとは、いまで言うクラフトビール（職人がつくるこだわりのビール）のメーカーを目指していたのです。開業の理由も、星野リゾートの代表・星野佳路（よしはる）が、アメリカ留学時にマイクロブルワリーのビールを飲んでおいしさに魅了され、「日本にもこんな個性あ

ふれる味わい深いビールを紹介したい！」と考えたことがきっかけ。醸造所の場所こそ軽井沢ですが、観光客向けだけに販売するつもりではなく、日本に新しいビールを根付かせたい、という意気込みだったのです。

しかし、世の中の流れには逆らえません。みんなが「地ビール」だと思ってしまえば、僕らが「そうじゃないんです」と言っても、小さな声はかき消されてしまいます。

僕は創業メンバーとして入社し、大ブームの折には営業を担当していました。正直に話すと、最初は「こんなに売れるのか」と思っていました。

毎日、問屋さんから「もっと送ってくれ！」「まだ届かないのか！」と電話がかかってきます。この世界、普通は問屋さんが「お客様」で立場が強い。でも、ご要望に応えられないものは仕方がなく……。

「今回は五ケース送りますから待ってください！」

「井手さん、少ないよ！」

「製造が追いつかないんです！」

といった電話対応に追われていました。

そして、二〇〇〇年頃のこと。あれだけかかってきていた電話が鳴らなくなった。問屋さんに電話をしても「いらない」と言われる。つい先日まで「井手さん、そんなこと言わずにウチに売ってよ!」と言ってくれていた流通や小売りの方たちが、ぶっきらぼうに、「売れてないね、厳しいよ……」といった言葉を口にします。

不思議でした。流行の最中、僕は心のどこかで「このまま売れ続ける」と信じ込んでいたのです。しかし、世の中は変わらないように見えて、すさまじい速さで変わっていくんでしょう。そして、うれしいことは自分の見えるところで成長していく反面、悪い事態は自分には見えないところで徐々に進行していくのでしょう。

お客様は、物珍しさで地ビールを飲んでも、あまりリピートしてくれなかったのです。

世の中の潮流が変わってしまうと、並大抵のことでは変えられません。爪に火をともすような思いで資金を捻出し、テレビCMを打って、イメージを変えようともしました。小売店に営業して製品を並べてもらう努力もしました。

でも、すべては後の祭り。思えば、地場の小さなメーカーが多少のテレビCMを打っても、世の中がどう変わるというのでしょうか。

営業に至っては、努力がさらに悲惨な結果をもたらした。

地ビールブームが下火になりかけた頃、努力の甲斐あって、主力製品「よなよなエール」が大手コンビニエンスストアで販売されることになったんです。とりあえず関東地区だけだったとはいえ「やっぱりウチの品質は認められるんだ」「モノがよければ売れるんだ！」などと、僕らは喜びを隠せずにいました。

一方、コンビニと付き合うときには、ある注意が必要でした。

絶対に欠品は許されないのです。せっかく棚を空けて待っていてくださるのに、製品がないと、コンビニが利益をあげる機会を失ってしまうからです。

でも正直に言うと、誰も、どれくらい売れるか予想がつきません。

そこでこのとき、当時の責任者たちが協議して「とにかく欠品は避けよう」と決めた。「在庫を多めに抱え、売れたらすぐ発送できる体制を整えておこう！」と考えたのです。

すぐ、生産設備はフル稼働し始めました。どんどんビールができて、倉庫に積み上がっていきます。出荷後、僕らは胸躍らせて、コンビニからの追加注文を待ちました。

ところが、電話はかかってきません。状況を確認しようと連絡を取ってみると、僕らの心意気を買って、大切な棚を空けてくれた担当者が、低い声でこう話します。

「いやー、ちょっと厳しいかもしれないですねぇ……」

正確には「ちょっと」どころではなく、初回納入分も売れていなかったのです。

しかし、生産は止められません。一度ビールを仕込むと、限られた期間内に缶に詰めて製品にしなければなりません。在庫が大量に残っていたとしても、です。

## 悔し涙も、出なかった

なるべくゆっくりつくっても、限界があります。ついに、倉庫はいっぱいになって、最初のほうにつくったビールは、屋外に野ざらしになってしまった。

では、このビールをどうするのか。

飲んでしまうわけにはいきません。理由があります。お酒のメーカーは酒税を支払います。お酒を醸造すると、国に税金を納めるのです。しかし製品が売れず、廃棄した場合、支払った酒税は戻ってきます。だから、全部廃棄するしかないのです。

醸造所の倉庫からあふれ、見上げるほどに積まれたビールは、捨てることすらとてつもない手間がかかりました。

僕らだけでは人手が足りないから、近所から高校生のアルバイトさんや、主婦のパートさんを雇って、一本一本、手であけて、ビールを排水溝に流していくのです。

工夫が必要でした。

ずっと手であけていると腱鞘炎（けんしょうえん）のような痛みが走るようになるから、大工道具を改造して専用器具をつくりました。缶にドライバーを刺して、ギュッと力をかけて穴を大きくして捨てる。このほうが速いし、手が痛くなりません。悲しい改善です。

次に僕らは、もっと簡単な捨て方を発明しました。缶をプラスチックのケースに入れ、上からドライバーでポンポンと穴をあけ、次々とひっくり返すんです。さらには、一本一本ひっくり返していると時間がかかるから、ケースごとひっくり返すことにしました。

みんな「ここで工夫している場合じゃないでしょ？」と思っています。しかも、決して有意義な作業ではありません。アルバイトさんもパートさんも、たとえ給料がもらえたとしても、意気消沈してきます。誰もしゃべらず、笑わず、作業は淡々と続いていきます。ケースをひっくり返すと、ビールが流れ出て、シュワシュワ……と泡立ちます。

悔（くや）し涙も出てきません。

美しくあれと願ってデザインされた缶。適切な温度管理によって酵母（こうぼ）が働き、発酵（はっこう）したビール。それがやっと注がれ泡立ったと思ったら、そこはグラスではなく、排水溝だったのです。

僕らのこの空しい作業は、ボチボチと進めたためか、その後、一年以上続きました。しかも、あきれたことに……。

僕はこの悲惨な状況を、心のどこかで「他人事」として見ていたのです。

責任感はありました。悲しかったし、情けなかった。でも、自分の力では何ともならないとも思っていた。だから、全力で「何とかしなくては！」とは考えていなかった。つくるべきとされたものをつくり、捨てることになって、捨てただけ。いまに比べれば、何も考えていなかったも同然だったのです。

# 第1章 おもしろそうな仕事は裏切らない

# すべてを捨てたら好きなことが見えた

僕は九州・久留米の出身です。

勉強にも部活にも熱心ではありませんでした。

中学校のときには、習慣で勉強をしていたため、そこそこの成績は取れていて、近所の進学校に行くか、五年制の国立工業高等専門学校に行くかが選べました。ここで僕は「大学受験のために勉強するのは嫌だな」と高専へ進学します。

このあたりから、誰かに何かをやらされることが大嫌いな性格が見え隠れし始め、進学後、僕は良くも悪くも、自分の道を歩み始めます。

まず、せっかく入ったサッカー部を辞め、アルバイトに精を出し始めました。最初はファミリーレストランの皿洗い。次に長崎ちゃんぽんチェーン店の調理係。そのあとは焼肉屋のホール係、喫茶店のウエイターもしました。

僕は自分自身が意識してはいなかったのですが、当時から、人と触れ合い、サービスをして、喜んでもらうことは好きだったのでしょう。さらには、イベントでウサギの着ぐる

みに入るアルバイトもしました。いま思えば、明るいことが好きだったのです。

二〇歳で高専を卒業すると、上京してＴＥＡＣ（ティアック）という会社に勤めました。音楽業界の方には名を知られている、録音・再生機器やミキサーなどのメーカーです。

実はこのとき、僕はちょっとした失敗をしました。面接を前に、先生からアドバイスをもらい、鵜呑みにしてしまったんです。

「おい井手、音楽にかかわる仕事がしたいのはわかるけど、『どんな仕事がしたい？』と聞かれたら『何でもやります』って答えておけよ。とりあえず入社しちゃえば何とでもなるから、意地を張るなよ。落とされる可能性もゼロじゃないんだから」

しかも面接に行くと、本当に「どんな仕事がしたいですか？」と聞かれるじゃないですか。僕は思わず、先生に教わったとおり「何でもやります」と答えてしまった。

すると入社後、僕の椅子はコンピュータ周辺機器の部署に用意されていた。しかも、音楽部門に配属された同期たちと話すと、みんな面接のときに「音楽にかかわりたい」と主張していたらしい。僕はただ、思いました。

「がーーーーーん」

周辺機器の部門は伸び盛りだったため、仕事は充実していました。でも僕は五年後、上司に「ここでやるべきことはやりきった気がする」という、いま思えば生意気な言葉を伝え、結局、退職しました。

僕の性格は、良くも悪くも、我が強い。

当時は意識していませんでしたが、自分の思いを心の奥のほうに押し込めて何かすることが苦手なのです。でも、責任感は強かったし、正義感もあった。自分が「こうするべき」と思ったことは、苦労をしてでも、やり遂げるところがありました。

でも、このときは自分を曲げて「何でもやります」と答えてしまい、結果はよくないほうに出てしまったのです。

その後、僕の運命は良くも悪くも、この僕らしい性格によって、めまぐるしく変遷していきました。

僕はバイクでツーリングに出かけるのが好きで、当時から「自然が好き」だとは認識していました。だからと、環境アセスメントの会社へ転職したのです。ところが、七カ月で辞めてしまいました。簡単に言うと、理想と現実のギャップがあまりにも大きすぎた。僕

は世間知らずで、理想だけを追い求める甘ちゃんだった、ということです。

ふと気づけば、僕は無職になっていました。


でも、振り返れば悪くはない体験だったと思います。人って、すべてを捨てて、無重力のような状態に身を置くと、自分がどっちに引っ張られるのかがよくわかるのです。

僕の場合は、やはり「自然」でした。

環境アセスメントの会社を退職したのがちょうど夏だったこともあり、僕はバイクで北海道を目指しました。

旅の途中、いろんな立場の人と知り合いましたが、みんな、何にも縛られず、自分を無重力状態に置いているようでした。たまたまキャンプ場で一緒になった人と行き先が同じとわかると、数日、行動を共にするような、うっすらした関係ができます。みんな本名を知らなくて、僕もまた「風太郎」と名乗っていた。バイクで旅していると風を感じて、その感覚が大好きだったからです。

そして、自分がやりたいことは最後まで見つけられなかったけど、はっきりわかったことが二つだけありました。やはり僕は、人が好き、自然が好き、ということです。

## 今度は、自然が豊かなところで働こう

僕は一カ月ほど北海道を旅し、東京に戻ってきて、新たな職を見つけました。

パチプロ。

いまとなっては恥ずかしい話です。貯金が底をつき、当時好きだったパチンコで少し稼いでいたんです。このことを雑誌の記者に話したら「元パチプロがいまや社長に！」などとおもしろおかしく書いてくれたので、僕もたまに「パチプロでした」などと話しているだけのことです。

僕は必死で、「負けたら明日の生活が成り立たない！」とばかりに毎日パチンコ屋に通い「どの台は何時くらいによく当たる」などと研究し、うっすらと法則性をつかんでいました。などという話がしたいわけではなく、僕は二六歳にもなってその日暮らしであることには危機感を持っていて、パチンコで稼ぎつつ「次は自然が豊かなところで働こう」と、北海道と長野を中心に就職情報をチェックしていたのです。

すると、気になる会社が見つかりました。

軽井沢で観光客向けのタウン誌を刊行している会社です。タウン誌は地元のレストランや旅館の広告収入で成り立っていて、この会社は営業を募集していました。

さっそく履歴書を書き上げ、面接に行きます。すると採用人数は一人なのに待合室には四〇〜五〇人いて、いきなり「これは無理そうだな」と出鼻をくじかれました。しかも、タウン誌をつくる会社だからか、漢字や英語の試験もありました。ご想像のとおり、僕に英語がわかるわけがありません。みんなが忙しそうに答案を埋めている姿を見ながら、一瞬「今日は早く帰ろうかな」などと考えたくらいです。

一応、面接は受けました。でも「もう落ちてる」と思っているから開き直っています。入室した瞬間「どうも！」みたいな態度に出た。しかも面接官に「前の会社を辞めてから何カ月も空いているけど、何をしてたの？」と聞かれたとき、素直に「旅をして、パチンコして」と答えてしまった。

そうしたら数日後に「一次面接合格。二次面接は軽井沢で行う」と連絡があったから驚きました。こうなったら、行くしかありません。

そしてタウン誌の事務所で面接という名の雑談を交わすと、社長が「実は二次面接に呼んでいる人のなかで井手君が最有力だと思っているんです。来てくれますか？」と言うじゃないですか。僕は思わず必死で、「行きます!」と元気に返事をした覚えがあります。

そのあと、社長の車で社員向けのアパートに連れて行かれたとき、僕は気になっていたことを聞きました。

「あんなに人がいっぱいいたのに、なんで僕だったんですか? 漢字もほとんどわからなかったんですが……」

すると社長は「たしかに筆記試験はひどかったね」と笑って、「でも元気がいい。人懐っこくて、営業にはもってこいだ」と言ってくれた。僕は「営業やったことないですよ」と素直に言ったんですが、「それでもいい」と言ってくれた。

そして、僕は流れ流れてようやく、自然が豊かな長野で、自分の安住の地を見つけたのです。

ところが……働き始めて三年経った頃、僕はここも退職しようと考えていた。個性豊かな経営者と価値観でぶつかることが多くなり「ここもおいとますべき時期かなぁ」と思ったんです。もう、この頃になると会社を辞めることに対し、特段、恐れも抱いていませんでした。

そんななか僕は、担当していた老舗旅館の社長に、よく声をかけられるようになっていました。

その社長は眼鏡をかけていて、人当たりは柔らか。僕は顧客にへりくだりすぎたりはしない性格だったから、彼を見つけると、「おっ、社長！　ごぶさたです。いつも忙しそうですね！」なんて調子よく付き合っていた。

社長は就任二〜三年目で、まだ三〇歳くらい。でも業績を一気に伸ばしていて、軽井沢の観光業が、いや、今後の日本の観光業がどうあるべきか、といった発信もしていた。だから、地元のニューリーダーのように言われていたことを覚えています。

それが、のちに星野リゾートを国内有数の会社に成長させる、星野佳路でした。

誰とでもフラットな関係を大切にする星野と、基本的に、いつもホンネで話す僕。これは「運命の出会い」だったと言っていいでしょう。だからこそ、僕らは出会った当初から、社長と出入り業者の営業とは思えない会話を交わしていた。

例えば、星野に「勤めて何年？」と聞かれ、「もうすぐ三年ですね」と答えると、「じゃあ、そろそろ（退職）だね」などとからかわれたりします。僕は苦笑しながら「ちょっと、そろそろって何ですか？」などと返す。

僕だって負けてはいませんでした。星野が軽井沢でなく、もう少し田舎のほうに自宅を建てていると聞けば「なんで軽井沢じゃないんですか？　お金ならあるでしょ？」などと言い放っていた。当時、総務部長だった弟の星野究道（さだみち）さんや、広報担当者も苦笑いしていました。すると星野は「いや、私、お金ないんだよ。お金ないから軽井沢に建てられなくて」と言い、僕は「またまたぁ！」と言い返した。そんな雰囲気のなか、僕らは顔を合わせると冗談を言い合うようになっていました。

## パチンコ帰りの留守番電話

結局、このあと、僕は再び無職になって、またパチンコをやりながら「次の職、何にしようかな」などと考えていました。

そんなときです。星野リゾートの広報から、よくわからない電話がかかってきた。

「今度、星野グループでビール事業を始めるんですよ」

「へえ！　でも、なんでビールなんすか？」

「それはあとで話しますけど、井手さん、この仕事、してみませんか？」

広報担当者を経由し、星野の耳に、僕が会社を辞めたと伝わっていたらしいのです。

でも、誘われたところでまだビールの会社は存在しない。僕は「いやいや、けっこうです」と断りました。

ところが、ある日の夜、パチンコから家に帰ってくると、留守番電話にメッセージが入っている。再生すると、星野の声が聞こえました。

「井手さん、聞いてると思うんだけど、一回会ってくれないかな？」

さすがに断ったら失礼かな？　と思いました。

「とにかく一回会って、お断りしよう」

それが、素直な思いでした。

ところが、僕は星野と会った日の夜、すでに期待で胸を膨らませていたのです。

彼にはカリスマ性がありました。僕は、星野のしゃべりにすっかりやられてしまった。語り口は、情熱的。メガネの奥の眼は、自信と希望に満ちていて「井手さん、私は、日本のビール文化ってもっと豊かになると思ってるんだ」「日本にもアメリカにあるような個性あふれるビールを紹介したい」などと話すのです。

聞けば、彼はアメリカのコーネル大学に留学したとき、マイクロブルワリーのビールを飲んだらしい。それはエールビールという、日本ではあまり飲まれていない種類のビールで、「柑橘類を思わせる華やかでふくよかな香りがした」らしい。しかも、日本でも小規模メーカーがビールを醸造できるようになったと言う。

星野は「だから井手さん、私はこの味で、日本のビール市場に新たな勢力を築いていきたいんですよ！」と話し続けている。もちろん事業の説明をしているのです。でも僕は、星野の情熱的な人柄に惹かれてしまった。

しかも星野が「醸造所がまさにいま建築中だから、ちょっと見に行ってみようよ」と言い始めた。

一九九七年の一月の終わり頃だったと思います。星野自らが運転するRV車に揺られながら、僕は、森や、道路の脇や、家々の屋根に、雪がうっすら積もっている景色を見ていました。

すると星野が「ここだよ！」と言います。見れば、よく晴れた空の下、塀もないオープンな敷地が広がっていました。

星野はうれしそうに「こっちがオフィス棟。こっちには醸造釜が入る予定で……」と説明を始めます。正直に言うと、僕の想像より規模が大きかった。レストランの端に小さなタンクがある程度、と想像していたんですが、目の前にあるのは、しっかりした「醸造所」でした。

胸が躍ってきてしまった。そして、僕は入社しようと決めた。

理由は三つあります。

一つ目は、星野に興味がある。

二つ目は、家から近い。

三つ目は、ビールが好き。

そう、結局、この時点でも非常に意識は低かったのです。僕はいままでと同じように「おもしろそうならやってみる」と、ただそれだけのことで、入社を決めたのです。

ここからのエピソードも、なかなか、印象深い。

星野との最終面接のときに、こんなやりとりがありました。

「井手さん、これからどうしようと思ってたの？」

「まあ、いろいろ考えているんですけれど、海外にも興味があって」

僕は青年海外協力隊に入りたいという意味で言ったんです。ところが星野は……。

「井手さんもアメリカですか!?　アメリカで起業するんですか？　それともビジネススクールですか？」

「あ、いえ、全然違います。青年海外協力隊です」

「えっ」

青年海外協力隊は、その名のとおり、若者が行くべきもの。そんな意味で星野は意外に思ったんでしょう。話は続きます。

「ほかには、どんなこと考えていたんですか？」

「山に行こうかと」

僕の頭にあったのは山小屋で雇ってもらうこと。ところが星野はこう言った。

「えっ、山のリゾートですか!?　山のホテルとかですか？」

「いえ、山小屋に住み込みで働ければと……」

「えっ……」

お互いがカルチャーショックを感じた瞬間でした。

大昔のことですが、いまだによく覚えています。こんな経緯で、僕は運命の出会いを果たしたのです。

## 得意なことを仕事にすると、人は輝く

そのあと――僕は、二〇年以上の時を経て、星野に出会うまでの紆余曲折(うよきょくせつ)の意味を知りました。もう、ヤッホーブルーイングの社長になったあとです。

僕は仲間たちと「チームビルディング」という研修を行いました。目的は、最高のチームをつくること。考え方は簡単です。

「人は、得意なことを仕事にすると、最も輝く」

だから仮に「職人のように何かをつくることに取り組んでいる瞬間がたのしい」人がいれば、ビールの醸造を手がけてもらうのがいいかもしれません。「計算が得意」なら経理などがいいでしょう。

これを見極めるため、僕は社員に「いままで、どんな仕事で、何をやっているときがおもしろかった？」と質問しました。もちろん、多種多様な答えが返ってきます。こうしてみんなが「たのしい」と思う瞬間を把握したうえで、それぞれに向いた仕事を頼むと、みんな才能を自由自在に発揮し始め、素晴らしいチームができあがるのです。

これと同様に、僕は、職を転々としながら自問自答を繰り返していました。会社を辞めて無重力のような状態に置かれるたび、自然と「自分が好きなことは何か？」「自分が何をたのしいと感じるか？」と、自分自身の性向を見極めていたのです。

すると、いつしか「これはできる」「この仕事はおもしろいと感じる」とわかってきた。そして「自分」なるものがそろそろ明確になりつつあったから、僕はヤッホーブルーイングへ入社した。

たしかに意識は低いままでした。

しかし、どんなことなら自分が力を発揮できるかなんとなくわかっていたから、星野の言葉を聞き、醸造所を見たとき、直感的に「ここだ」と思えたんです。

# 第2章

# ファンは一〇〇人に一人でもいい

## たった七人のスタート

僕がヤッホーブルーイングに入社したのは一九九七年三月のことでした。

まだがらーんとしていた事務所に続々とロッカーや机が運び込まれ、引き出しが書類や文具で狭くなっていくと、次第にテンションが上がってきます。

いまでも覚えているのは、三月末のこと。僕が事務所にいると、星野と、この事業の責任者で、その後、僕と一緒にさまざまな紆余曲折を体験する宮井敏臣(としおみ)さんが満面の笑みを浮かべて帰ってきました。手には、まるで赤ちゃんでも抱きかかえるかのように何か持っています。

僕が「何かあったんですかー?」と聞こうとした、まさにその瞬間、宮井さんが「見てくれ!」と言いました。

「製造免許がとれたんだ!」

星野も相好を崩しています。宮井さんはすごくうれしそうに話を継ぎました。

「やっと、税務署からいただけたよ。このために準備をしてきたんだ。これでやっとビールをつくれるぞ!」

宮井さんが税務署に申請をした書類の束は、百科事典のような厚さがありました。全員「大変だったんだろうな」と感じたのか息をのんで、宮井さんが「これが製造免許だ！」と取り出すと、思わず、その場にいた全員が拍手をしました。

会社のメンバーは、総勢たったの七人。総務／経理担当の女性や広報担当がいて、あとは製造と営業。これらのメンバーをまとめるのが宮井さんでした。

彼は三〇代前半で、何も言わずとも周囲が「この人、優秀です！」とわかるようなオーラを漂わせていました。バブル末期に大学を卒業すると、すぐ公認会計士試験に合格して、「上場企業の監査業務」という当時の僕には立派すぎて意味がわからない仕事で社会人キャリアをスタートさせています。その後、渡米してＭＢＡ（経営学修士）を取得し、聞けば、星野の弟の究道専務と公認会計士試験の専門学校時代の同級生だった縁でこの事業にスカウトされたらしい。

そんな宮井さんのほかに、親会社である星野リゾートの人たちがいます。この彼らがまた、僕とは生きている次元が違った。

まず、弟の究道専務。兄の佳路社長がカリスマ性の高いアイデアマンだとしたならば、究道専務は温厚で物静か。会計業務に精通していて、実力は推して知るべしです。

さらには、佳路社長の奥さんの朝子さんもすごい。大手メーカーに勤務するマーケティングの専門家として多大な実績をあげています。

当時はただ「レベルが違う」と圧倒されていました。会議に参加させてもらっても、言っていることの意味がわからない。それもそのはずで、僕は営業利益と経常利益と純利益の違いもわかっていなかった。しかし、星野兄弟や朝子さん、宮井さんは、容赦なく専門用語で会話している。

僕は自分が情けなくなって「なんとか理解してやろう！」と勉強を重ねる……ことはなく、ただ、ぽかーんとしていた。ひたすらに「世の中にはすごい人たちがいるもんだなぁ」などと思っていました。

醸造スタッフも優秀でした。責任者は、大学で微生物の研究を重ねた福岡篤史（あつし）。いまは「あーすぃー」の名で呼ばれる人物です。

星野はクラフトビールをつくるにあたり、外国からブルワー（醸造責任者）を招聘（しょうへい）するのではなく、日本人のブルワーを育てていこうと考えていました。そこで彼を招き、アメリカ留学の資金と時間を与えて、それこそ世界中から有力な技術者が集まるような学校

でビールの醸造について学んでもらっていた。

だからあーすぃーは、発酵など化学的なことだけでなく、麦芽（ばくが）やホップの種類からビールの歴史にまで精通していて、僕ら営業や総務などのスタッフから頼りにされていました。

そんなカルチャーショックのなかで、僕が何に魅了されたと思いますか？

付き合う人間がすごい、だから、夢が大きい！　という部分もあるのですが、一番深く胸に刺さったのは「香り」かもしれません。

僕はもともとビールが好きだった。でも、それまではビールになる前の麦汁（ばくじゅう）が醸（かも）し出す穀物（こくもつ）独特の甘い香りや、ホップの青々とした香りは記憶のなかになかったのです。醸造所には、それらが色濃く漂っていて、いまは慣れて鈍感になってしまったけれど、当時は「へぇ〜！　麦汁ってこんな匂いなのか！」などといちいち感動していました。

それだけじゃありません。麦汁は発酵を終えると、心地よくはじける炭酸を帯びます。さらには香りも、麦汁とホップをただ足したものでなく、フルーティで、どこか魅惑的なものになるんです。もちろん、化学なのでしょう。でも僕には、この「仕込み」や「発酵」の過程が、なにやら奇跡のように思えてきたのです。

# よなよなエールのレシピの秘密

醸造の工程は、僕がいまさら語るものでもないかも知れません。でもここで、少しだけ、僕が見た「奇跡」や、僕らの「こだわり」について語らせてください。

ビール造りは、簡単に言えば、麦芽を煮込んでトロッとした「麦汁」をつくり、これをホップと一緒に煮込んで香りと苦みを付け、酵母に発酵してもらう、というものです。

でも、知るほどに「深い」。

まず、ビール造りは「麦芽」を煮込むことから始まります。もしお手元にビールがあれば、原材料名をご覧ください。「麦」ではなく、麦を芽吹かせた「麦芽」と書いてあるはずです。ではなぜ、わざわざ芽吹かせるのでしょうか。答えは、麦芽でなければビールにならないから。

原理は簡単。お米や麦って、噛んでいるうちに甘くなってきませんか？　これは「酵素」の働きです。お米や麦のデンプン――糖の分子が一万個以上つながってできたデンプンが、口のなかにある酵素によってつながりを断たれ、糖になるから甘く感じるんです。

そして麦は、芽吹かせることによって、含まれている酵素が活性化するのです。「麦」

を煮込んでもデンプンはデンプンのままなのに、「麦芽」を煮込むとデンプンは小さく分解されて糖になる。糖になっていれば、酵母が分解してお酒にしてくれます。でも、デンプンのままでは、分子が大きすぎて、酵母では分解できずにお酒にはなりません。だから、ビールになれるのは、麦でなく「麦芽」なんです。

しかも、これに加えられる「ホップ」も深い。

ホップとはアサ科のつる性多年草。ベルギーのポペリンゲという町で植樹されたから「ホップ」と呼ばれていて、特に毬花（きゅうか）の部分を摘んで、ビールの原料に使います。ホップの役割は、苦味をつけること、香りをつけること、泡持ちをよくすること、雑菌の繁殖を抑えてビールの保存性を高めることなどなど。

なかでも「よなよなエール」には「カスケード」という品種が使われていて、強い柑橘類を思わせる香りがします。

実を言うと近年まで、「ホップ」と言えば、イギリス、もしくはドイツの品種ばかりで、アメリカの醸造家は苗を輸入して育てているだけでした。しかし、アメリカでも「自前のホップを開発しよう」という気運が高まり、「カスケード」ができた。さわやかな香りが強く、あーすぃーがアメリカに留学したときには、仲間同士でも「一度、カスケードを使ってみたいもんだよね」などと話し合っていた品種だそうです。

どれくらい香りがいいかと言えば、醸造所見学にいらしたお客様が何人も「枕に入れて寝たい」と話すほど。ぜひ、この香りを楽しむために醸造所見学にいらしてほしい、と思います。それくらい、衝撃的な品種なのです。

さらには、水！　僕らの会社、ヤッホーブルーイングは浅間山の麓にあるから、この山の伏流水が使えます。

化学的な特徴としては、ミネラル分の濃度が高いことが挙げられます。いわゆる「硬度」が高い水で、エールビールには、この「硬水」が適しているんです。

そして最後が「酵母」。いまさらですが、ビールをつくっているのは、私たち人間ではなく酵母たち。たっぷりと糖を含む麦汁に酵母を加え、適切に温度を管理すると、酵母はじっくりと時間をかけ、糖を二酸化炭素とアルコールに分解してくれます。

実を言うと、ヤッホーの製品の最大の特徴は、酵母にあると言えるかもしれません。

ビールの酵母は、大きく「エール酵母」と「ラガー酵母」の二種類に分けられます。僕らが使っているのは「エール酵母」。液体の上部で行われる「上面発酵」というタイプに分類され、最適な温度は約二〇度と比較的高め。そして麦芽の糖分は、発酵させると、人の手では絶対につくり出せないほどさまざまな香りを発するようになります。

この香りは「エステル」と呼ばれます。元は糖なのに、酵母が分解する過程で、いくつかのフルーツが混ざったような香りを出すようになるのです。特にエール酵母は華やかな香りを出してくれます。

だから、「ラガー酵母」が発酵させたビールと違って、ちょっとぬるめの温度で、香りを楽しみながら飲んでいただくのが最高！　となるわけです。

僕らは、材料に、麦芽、ホップ、水、そして酵母の四種類しか基本的に使いません。なのに、味わいは複雑そのもの。それは、人間が「つくった」とは言えない、なにか威厳のようなものがある気がします。

どれだけの香料を使ったって、これだけ複雑な味は出せません。

僕らは、自然の営みを上手に管理し、人間の手ではとてもつくり出すことができない何かを創っているのです。

僕は、あーすぃーが試験醸造していたビールを飲ませてもらった瞬間、「うん、これ、おいしいね！」と言った。でも、上手に言えなかっただけで、内心は、ビールって深い、と、驚き、感動していた。そして「こんなに華やかな香りがしてコクがあるビールはいままで日本になかった！　この感動的な味のビールをこれから日本に広めるんだ！」という思いを抱いた。

そう、これは僕自身が、「よなよなエール」のファンになった瞬間だったんです。

## よなよな、ってよくない？

いま、「よなよなエール」発売前のことで重要だったと思うのは、いくつか交わされた激論です。例えば、あーすぃーによると「缶にするか、瓶にするか」で星野との間に論争があったそうです。

星野は、一九九六年か九七年に、大手ビールメーカーの缶と瓶の比率が逆転し、缶のほうが多くなったというデータを出してきた。彼はこれを世の中の流れと見て、「逆行する

はずがない。缶で発売しよう」と言った。

でも、あーすぃーは別の考えを持っていた。

アメリカでは缶入りのお酒はチープな大衆酒で、瓶に入ったボトルのお酒は高級酒という常識が定着していたらしいんです。だから、「えっ、缶!? ありえん、それは！」と考え、星野に対してかなりの強さで「瓶にしましょう！」と主張した。

当時は、毎週土曜日の夜、星野の家で「ビール会議」が開催されていました。そこには星野と、弟の究道さんと、奥さんの朝子さん、そして現場からは宮井さんとあーすぃーが参加していました。

星野リゾートは物事を民主的に決める社風もあって、最後は多数決をとることになります。でも、やっぱり星野家はまとまることが多かった。そこであーすぃーは、なんとか一人切り崩して、三対二で瓶を目指したのだけれど……。結果は缶。

でもいまは、あーすぃーも、さらには僕も「缶でよかった」と思っています。なぜかと言えば、缶のほうがコストは安く、お客様も捨てやすい。そして、軽いし割れない。味はもちろん、瓶でも缶でも変わりはありません。

だから、お客様に慣れていただければ問題はなかったんです。

ネーミングでも、同じことが起こっていたそうです。

僕は会議に加わっていなかったのですが、当初は「ナンバーワンになりたい！」と、「エールナンバーワン」とか、そんな名前がついていたらしい。たしかに、ビールの名前としては「ありそう」です。でも、インパクトがない。ありがちで、何も心に残らない。

缶のデザインも、かなり激論を交わしたようです。

ビールのデザインに、黒を多く使うのはタブー中のタブー。黒ビールのように思われてしまうからです。でも、よなよなエールのデザインには、黒が多用されていて、これも是非が争われた。

いまなら、この激論の意味がわかります。

星野は現状をフォローしようという気は、さらさらなかったのでしょう。

新たに市場に加わった人間が、すでにできあがっている「市場のルール」に縛られ、いまのルールのなかで戦っても勝てるはずがないのです。

仮に、ここに二本のビールがあって、中味も値段もまったく同じだったとしましょう。

一方は有名メーカーのビールで、一方は見たこともないメーカーのビール。さあ、どっちを買うかと言われれば、やっぱり、いつものビールを買いますよね。

でも、有名メーカーのビールの隣に、多少値段が高いけど、ネーミングも、缶のデザインも、こだわりを感じさせるビールがあったとします。「どんな味がするのかな？」と冒険したくなり、六本買うついでに、一本くらい買いたくなりませんか？

しかも飲むと明らかに味と香りが違う。

すると何人かに一人は、高くて、あまり売ってもいない、こだわりのビールをわざわざ探して「あった！　これこれ！」と言ってくれるようになる。

新規参入者は、いわゆる「世の中的に正解」とされていることをやってはいけない。時にはあえて常識の逆を行くことも必要なのです。ネーミングから味からデザインまで、あらゆる場面で新規性が高くなきゃ、相手にもしてもらえません。

いまの世界の延長線上で考えても、その世界では、もう、先行者によって座るべき椅子は占められているんです。それに、いままでと同じビールであれば、大手メーカーのほうが大きな設備で大量につくれ、価格も安くできるはず。新規参入者が参入すべき市場ではないのです。

しかし、一〇〇人に一人でも、大ファンになってくれるのであれば、そこには参入する価値がある。一〇〇人のうち九九人が「いつものビールでいい」と思うなか、たった一人だけ「あれじゃなきゃダメだ」と思ってくださる製品であれば、出す価値があるんです。

そんななか、僕を含む多くは「いままではこうだった」に縛られていた。自分の頭で考えず、他人がつくった、本当に正しいかどうかもわからないルールのなかで考えていた。

「こんな未来をつくろう」でなく「過去はこうだった」に縛られていた。

いま思うと「よなよなエール」という名前は、本当によくできていると思います。大手がつくる喉越し重視のラガービールではなく、味わいある個性豊かなエールビールを夜な夜な飲んでもらうことを夢見て「よなよなエール」。

また、知名度がなく、広告予算もない会社だから、一回目の接触で製品名を覚えてほし

い。だから、ちょっとほかにない響きで、しかも同じフレーズが二度続く「よなよな」。あとは、日本のビールだから、安易に英語の名前にするつもりはなく、「よなよな」とひらがなを使った。

このネーミングについては、星野たちが何十回と会議を繰り返し、その果てに、ある日の明け方、星野が「よなよな、ってよくない？」とひらめいて決まったらしい。

要するにこの時期は「市場もルールも自分の手でつくろう！」としていた星野たち経営陣と、彼らの感覚がどうしてもつかめない僕ら、という構図の議論が繰り返されていた。

実を言うとこの構図は、その後、思いもよらないかたちで、僕に痛手を負わせます。でも、このときはわからなかったのだから仕方がない。

そんな裏話もありつつ、僕らは、一九九七年の夏前に、「よなよなエール」の缶をこの目で見ました。裏返して、バーコードの部分を見ると、僕はニヤッと笑わされてしまいました。最初の四桁が「４７４７（よなよな）」になっている……。こういう、ちょっとしたことにけっこうな労力を払う文化って「なんともウチらしいなぁ」とも思います。

# 第3章

# 弁当代が出ないなら東京に行きません

## 売れすぎて、お詫びの日々

「よなよなエール」は順調すぎるほどの滑り出しを見せてくれました。

発売当初、僕はひたすら「こんなに売れるのか！」と圧倒され、同時に、別の仕事に忙殺され始めました。

「製品が足りません」とお詫(わ)びすることです。例えば、懇意(こんい)の問屋さんから数百ケースの注文がきている。でも、注文が多すぎて対応しきれないから「なんとか半分でお願いします」とお詫びするしかない。

問屋さんのなかには、声を荒らげ「こんなんじゃ足りないよ！」と言う方もいました。この業界では、一般的に、問屋さんのほうが力が強いのです。もちろん、僕だって注文された量をお届けしたい。でも、電話の向こうでプンプンしながら「次はいつできるんですか！」と聞かれても、ご希望に沿うわけにはいかなかったんです。

「実を言うと、次はいつできるか、はっきりとしたことが申し上げにくいんです」

「何でですか！」

「まだビールのできが不安定なんです。だから何ケースできるかわからないんですよ」

「ええっ!?」

「ビールのでき次第で、もし思いどおりの品ができなければ、捨てちゃうこともあり得ます（実はたまにあった）。だから、確約はできないんです」

電話の向こうで、スーッと息を吸う音が聞こえます。

「そんな理由、通用しねえよ！」

怒っています。僕は問屋さんとの関係を悪くするわけにいきません。

「おっしゃるとおりです！　でき次第、最優先で出荷しますので、なんとかそこを！」


それより、僕の思い出に強く残っているのは、一九九七年の夏から秋にかけ、毎日のように醸造所がある佐久市から長野市まで通って仕事をしたことです。

九七年の長野市と言えば、ピンときた方もいらっしゃるかもしれません。翌九八年二月に、長野市では冬季オリンピックが開催されています。スキージャンプ団体で、原田雅彦選手が大ジャンプを決めて、アナウンサーが着地寸前に「立て、立て、立ってくれー！」と絶叫した感動の金メダル、スピードスケート陣の大活躍……。その大会前、僕は長野市内のオリンピック表彰式会場でビアパブの店長を務めていたんです。

## 知らないことは経験者に聞こう！

お店は、長野駅から歩いて一〇分くらいの「セントラルスクエア」にありました。選手が志賀高原や白馬で好成績を残すと、ここに来て表彰式を行うのです。でも、冬季オリンピックの開催まで使う予定はないからテナント店を入れていて、ヤッホーブルーイングは、ここに半年くらいの期間限定でビアパブを出すことにしたんです。

この店の店長が、僕。

でもご想像いただけるとおり、僕はただひたすら「何から始めたらいいかわかんない」。いままでの人生で飲食店を開店したことなんてありません。僕は上司の宮井さんに「メニューはどうしましょう？」「椅子は？　机は？　食器は？」と聞くんですが、宮井さんだってお店を経営した経験はないから知らないものは知らない。

僕は宮井さんに敬意を持っていたし、宮井さんも、僕が一生懸命であることは信頼してくれていたようです。飲み会に行けば、笑って話す仲でした。でも、宮井さんと僕は、た

まに歯車がかみ合わないことがあった。

僕は「自我(じが)」が強い。自分が「やろう」と納得したことは、多少、困難が伴おうと、やるんです。

一方、宮井さんは「指令性」が強く、人の上に立って、指示を出すことが得意です。フラットな組織をつくり、現場の意見も聞き……といった民主的な組織運営はしていませんでした。きっと、僕を含むスタッフのスキルも意識も低く、トップダウンで物事を進めざるを得なかったのでしょう。

だから、僕という歯車と、宮井さんという歯車は、たまにかみ合わないことがあった。

このときも、そうです。

「ねえ宮井さん、アルバイトって雇っていいんですか？」

「うん、いいよ？」

「採用とか、店員教育とか、どうしましょう？」

「うーん、そこは自分で考えてよ」

結局、難しかったので、僕は図々しくも、当時、星野リゾートの料飲部門の責任者だった鎌田洋さんに「ヤッホーブルーイングの井手と言いますが、今度ビアパブやることになりまして、どうしたらいいかわからないんです」と間抜けな電話をかけました。

　すると、これがどこからか宮井さんの耳に入ったらしく、「星野リゾートに迷惑をかけたくないから、できればキミ自身で何とかしてほしいんだけどな」と言う。

　でも、お店を出すからには、お客様に楽しんでほしいし、利益もあげなくちゃいけない。僕は困りながらも、自分に自信がなかったので経験者の鎌田さんに頼ることにしました。鎌田さんは豊富な実績もお持ちで、かつお人柄がとても素晴らしかったからです。

　鎌田さんのところへ相談に行くと、彼は、忙しいはずなのにそのそぶりも見せず、懇切（こんせつ）丁寧（ていねい）に対応してくれました。まだ備品もロクに揃ってないオープン前の店にいらして、実践的なアドバイスをくださったんです。

「へぇ〜！　これ井手君一人でやるの？」

「何か、そうみたいです（汗）。社員は僕だけ、あとはアルバイトさんに任せます」

「だとすると、料理はいらないかもしれない」

「えっ、ビアパブなのに料理なくていいんですか!?」

「井手さんが、そこのダイエーで買ってくればいいと思いますよ。ポテトチップスと、サラミとチーズを買ってきて……」

「えっ！　ダイエーですか！　本当にそれでいいんでしょうか？」

「すぐそこにケンタッキーもお店を出すらしいじゃない。だったら、僕らの店でもフライドチキンを出させてほしい、と頼めばいいんですよ。注文があったら頼んで、持ってきてもらえばいい」

「へぇ〜！　そんなもんですか」

「それから、お皿は木の皿のほうがいいですね。木の皿に紙を敷いて出すんです。これなら、お皿はほとんど汚れずサッと洗えば出せます。しかも木の皿なら、落としても割れません。あと、おしぼりもいりませんね。屋外だと、おしぼりがなくても、みなさん、気にせずに召し上がります。お客様に頼まれたときにお渡しすればいいですよ」

「へぇ〜！」

その後、僕は保健所への申請にまで鎌田さんの知識を頼り、なんとか開店にこぎ着けました。

それでも「料理がダイエー」が気になって、袋いっぱいにポテトチップスやサラミを抱えて店に持って行ったときは、「本当に大丈夫かなぁ」と思いました。でも、契約期間が切れて店を閉めるまで、クレームは一件もありませんでした。

鎌田さんにはいい思い出があります。開店して迎えた最初の週末、心配して、わざわざ長野市までお店を見に来てくれたんです。鎌田さんは「ちょっと遊びに来た」と言っていましたが、星野リゾートの若手スタッフも一緒だったところを見ると、本当は手伝いに来てくれたはずなんです。

## 誰かが喜んでくれるから頑張れる

僕はここで少しだけ、才能を伸ばしました。

僕はお客様と触れ合っているとき、力を発揮できることを本能的に感じていたのかもしれません。思えば、高専時代のアルバイトも、お客様がいる職場が楽しめた。実際に「こうやれば、もっと喜ばれるんじゃない」などとアイデアを出すことに自然と、時間を費や

していた。また、自分の責任で、自分の店を切り盛りするのも、性分に合っていた。

労働時間が長いのも気になりませんでした。お店はお昼にはもう開いているんですが、僕は営業の仕事があるから、昼はお店をバイトさんに任せて、夕方から店頭に立つ。鈍行で一時間半ぐらいかけて佐久から長野市まで行って、たまにダイエーでチーズを買うような雑用もしながら店長として働く。そのあと、夜の九時から九時半ぐらいにお店を閉め、バイトさんを帰して、佐久まで戻れる最終電車に乗って、また会社に顔を出す。

夜の一二時を過ぎているのに全員働いているシーンを見て「おいおい（笑）」と思いはしましたが、僕は楽しんでいた。そんな生活が、苦ではありませんでした。

いまでも懐かしい思い出ばかりです。

特に覚えているのは、道を挟んだ真向かいにあった薬局のおじさんのこと。よく、飲みに来てくれたんです。でもくつろいでいると、奥さんが「また飲んでる」と首根っこをつかまえにやって来る。すると旦那さんが「見つかっちゃったよ」とへしゃげて……。

「ちょっと待ってよ、母ちゃん、飲み終わったら帰るから」

「あんたはもう！　しょっちゅう油売って！」

なんて会話を交わす。ところが奥さんもなんだかんだ言って「じゃあ私も一杯飲んで帰るから」なんて、いつもコントのように、ミイラ取りがミイラになってる（笑）。ビアパブでの経験は、僕のその後の人生を考えるうえでも、有用だったと思います。自分が得意なことがよりはっきりわかったからです。目の前で、誰かが喜んでくれると、僕は頑張れる！　とわかったんです。

## トップダウン上司VS我の強い僕

ここでもう少しだけ、宮井さんの話をさせてください。

僕とは宮井さんは、話していれば気は合ったけど、いままで生きてきて、目にしてきた景色はまったく違っていました。彼は向上心に満ちあふれていて、どんどん上に昇っていこうと野心を持っていて、それに見合うだけの努力をしていた。

一方、僕は……。その日の弁当代にこだわっていたんです。

一九九九年頃だったでしょうか。会社は相変わらず好調で、なかでも東京での売り上げが増えてきていました。そこで宮井さんは東京営業所を開設しようと考え、僕に「井手君、

東京へ行って」と言ってきたんです。

でも僕は、宮井さんとは価値観が違う。僕は、自然が好きで長野に来ているんです。しかも僕は「自我」が強い。もし「井手君、本当に申し訳ないんだけれど、東京に……」と言われていたら、しぶしぶ承諾したかもしれません。でも、宮井さんは上司として、そのあたりには頓着せず「行ってきて」というかたちで僕に話をした。反射的に、まるでストレートを打ち返すような速さで、僕は「嫌です」と言った。言ってしまっていた。

「おまえ、嫌ですとは何事だよ！」

どんな言葉も、一度言うと、撤回できなくなります。

「だって、自然が好きだから、ここで働いているわけじゃないですか」

「そんな理屈、通用しないよ」

しかも、僕は「無職」には慣れています。

「なら最悪の最悪、辞めてもいい覚悟があるので引き下がるつもりはありませんよ！」

宮井さんも、考えたようです。

「……じゃあ期限付きでいいから、営業所を立ち上げて、スタッフを雇って、軌道に乗ったら帰ってきていいから」

でも、僕はどこか納得がいっていない。考えていると、腹が立ってきます。僕はこんなことを言い出した。僕自身は真剣だったけど、宮井さんにしてみれば難癖でしょう。

「東京に行くなら、お昼の弁当の手当をつけてくれませんか？」

当時、佐久ではお昼の弁当が四〇〇円くらいで買えたんです。でも、東京でランチを食べれば七〇〇～八〇〇円以上かかります。

「差額を補塡してください。じゃないと行きません。僕、損してまで行きたくないですよ。もともと東京に興味ないし、しかも実質、手取りが減るんだったら僕は嫌ですね」

「おまえ、ここで弁当の話を持ち出すか？」

「僕にとって弁当は大事です」

「井手君だけに弁当代なんか出せないよ！」

「そうですかっ！」

すでに僕、三〇歳を超えていました。なのに会社は会社、自分は自分、くらいにしか考えていない。僕はまだまだ、宮井さんのように「この会社で上を目指そう」「キャリアを

積み上げて、自分の価値を高めよう」なんて気持ちはまったく持っていなかった。僕は人に使われている。やることはやる。でも自分の時間も大事だし、いいように使われるつもりなんかない。

「僕、東京なんて絶対に行きませんから！」

ナメきった態度です。もちろん、宮井さんも怒った。

「わかった！　おまえは行かなくていい！」

といっても宮井さんにもほかに行かせる戦力がない。だから結局、僕に頼むしかない。僕らは弁当代の話で、何度も火花が散るような議論を白熱させた。宮井さんが「あのさ」と剣を抜く。僕も「ええ」と受ける。そんな真剣そのものの会話の議題は「弁当代」――。

この話、正直に言うと、思い出すだけでとても恥ずかしいし、ショックです。

そんなことで時間を費やしていたのか。不思議なもので、本当に自分はそうだったのかと、自分のことなのに驚きます。

とはいえ、ついに話は宮井さんが折れることでまとまりました。「井手君、考え直してくれないかな」という口調に変わったんです。内心は「こんなヤツがいても仕方がない」

とあきれられ、だから折れてくれたんだと思います。結局、僕は弁当代のことはうやむやになったまま、東京へ行くことになりました。

そのあと、僕は久々に上京し、中途採用の方たちを四人採用して、一応「リーダー」として働くことになった。

仕事は忙しくて、東京営業所に行っても、結局、帰りは深夜の一二時前後。僕は、あれだけ東京行きを嫌がったものの、いざ放り込まれれば一生懸命やってしまう性分だったから、仕事も夜遅くまでやってしまうし、そのあともスタッフと飲みに行ったりして、ただ毎日を目先のことだけ考えて過ごしていました。

ダメなサラリーマン、という言葉がぴったりな三〇代でした。

そしてこんな状況が、僕らの職場の、最後の輝きでもあったのです。

# 第4章

# どん底だから、この仕事に人生を賭ける

# 地ビールバブル崩壊

川の流れが変えられるはずもないように、世の中の流れというのは強烈で、流れをつかまえて乗っていくと、押し流されるかのように、すごいスピードで進んでいきます。しかしよくないほうに流れ始めても、人間には為す術もありません。

そして、僕らは「地ビール」ブームに乗って、まるで押し流されるかのように、売り上げを伸ばしました。でも、その行き先は、僕らが目指すべきゴールとはかけ離れていたのです。

僕らの使命は町おこしではなく、アメリカ同様に個性的でおいしいクラフトビールを広めていくことでした。そのための戦略は、観光需要の開拓ではなく、リピーターの獲得でした。

仮に一〇人の観光客の方が、長野県にいらしたとき、物珍しさもあって僕らのビールを手に取ってくださったとします。売り上げは一〇本です。そのうちの一人が「これ、うまい！」と継続的に飲んでくださったとします。三日に一本のペースでご愛飲いただければ、一年で一〇〇本売れます。日常生活に浸透して、初めて「普及」になるのです。

ところが、計算が狂い始めました。二〇〇〇年頃、売り上げが頭打ちになったことがわかってきたのです。

残念だけど、リピートしてくれる人が少なかった。「長野に来たついでに飲んでいる」のであって、「クラフトビールが飲みたい」という人は少なかった。夜な夜な飲んでいただこうと思っていたのに、それとは逆に、特別な場所で飲むビールになっていたんです。

僕らの製品は、ブームに押し流され「地ビール」になり、数年でブームが終焉（しゅうえん）を迎えると、この先に行き着く場所はなかったのです。星野は言いました。

「ブームがよくなかったな。変なブームになっちゃったな」

この頃、打開策としてなけなしの予算でテレビCMなども打ちました。しかし、流れは変わりません。一方、星野はリゾート再生の請負人として、テレビや雑誌で華やかに取り上げられ始めていました。したがって、星野はヤッホーブルーイングのために割ける時間が減っていきます。そして、僕らは迷走を始めます。

まず、雰囲気が悪くなっていきました。

その頃、僕は東京営業所での勤務を終え、宮井さんが約束してくれたとおり軽井沢に戻っていたんですが、ここで「東京の営業を一人にしよう」「いやむしろ営業所をたたもう」という話が浮上してきた。

彼らは僕が採用した仲間です。でも、結局は雇えないとなってしまった。僕は心から申し訳ないと思いました。もちろん、一方的にリストラはできません。だから星野リゾートに転籍、という措置になりました。しかしみんな、ビールの仕事ができないのでは残る意味がない、と去って行ってしまった。

しかも、残った人たちも「明日はわが身」とわかっている。それまで、元気がいい会社でもなかったけれど、雰囲気は悪くなかったんです。でも、売り上げが減ると「原因は自分じゃない、コイツだ」となるのは世の常なんでしょう。

自然と、営業や事務のなかには「ビールの味が個性的すぎるから売れない」と言い出す人が現れ始めました。「ブームのうちはこれでよかったかもしれないけど、今後はもっと、広く一般に受け入れられる味があってもいいんじゃないの？」などと言い出します。

もちろん、こんな案は却下です。大手のマネをしても、いまより悪くなることは明白でした。

すると逆に、今度は製造の面々が「営業が新たな販路を開拓してこないからよくない」

と言い始めます。

犯人捜し。会社全体がこんな状況でした。

## このままでは、もうダメだ

そんななか、突然、宮井さんが会社を去ることになりました。当時の事情は、僕もよくわかりませんでした。いま思えばおそらく、フラットな組織を目指す星野と、トップダウンで仕事を進めていた……というより進めざるを得なかった宮井さんとで、方向性の違いが明確になったのかもしれません。

でも、いままでうまくやっていたじゃないですか……。

結局、業績が上向いていれば、人の心は希望に満ちていて、多少うまくいかないことがあっても、ちょっとグチを言うくらいですむんだと思います。

でも、業績が下がってくると、「仕事ができる人」が誰もいなくなってしまう。誰が何をやっても結果が残せないんです。すると「この人に任せて大丈夫なの？」「能力はあるんだろうか？」となります。うまくいかなければ犯人捜しも始まるし、会議でも、発言をすると必ず否定する人がいて、その結果、言葉も辛辣になります。

しかも、誰も面と向かっては言わないんです。反論もせず、何か決まろうとすると「ああ、うん」と気のない返事をする。意思決定者には「はい」と無表情に返事をし、現場ではまったく指示に従わない。そして陰で「あれは机上の空論だから」と言う。

本来なら誰もが社長に文句を言えるくらいフラットな会社だったのに、そんな理念なんてどこにも見当たらない。肯定的な議論などなく、そのうち、人柄を攻撃するような、聞くにたえない悪口を陰で言う人たちも出てきた。

会社は、もうずっとお通夜のようです。

みんなが無表情。なるべく人と話さず、言われたことだけやって、すませたら帰るだけ。珍しく笑顔で話していると思ったら、陰ではひどい悪口を言い合っている……なんて姿を見ると、誰が敵で誰が味方か、誰もわからない。

僕も、そんな出来事と無縁ではありませんでした。

集団で会社を辞め、独立しようとする人たちがいたのです。彼らは「現場を知らない経営陣より、俺たちがやったほうがうまくいく！」と思っていたようです。でも、誰も本音

で話さないから、僕はそんな動きがあると知らなかった。

完全におかしくなったのは、会議のときです。経営陣と話し合ったこととは明らかに違う結論が出そうになり、僕は「それ、社長と議論したほうがいいですよ」と発言した。すると、僕は会議から外されてしまった。しばらくは、外されていることも知りませんでした。でも、本来は営業みんなで決めることが、僕の知らないところで決まっていれば、薄々気づきます。

そして、僕は、陰で「井手さんは社長派だから」と言われていることを知った。ショックでした。僕は社長派でもなんでもなく、ただ、上司の前でいい顔をしておいて言うことは聞かない、という態度じゃ何も解決しないと思っていただけなんです。

結局、この独立騒動は、主導的な立場だった人が、ある日、退職することでなくなってしまいました。

僕は再びショックを受けた。

僕は、退職していなくなってしまった人のことも好きで、自宅に遊びに行ったこともあったほどだったんです。素晴らしい人柄の方でした。でも、人がいいから、どうしても、真っ向から議論をする気にならなかったのかもしれません。

もう耐えられなかった。

僕は星野にメールし「一回会って話しましょう」と伝えました。

待ち合わせ場所は、会社から近い御代田駅の近所にあるタイ料理のレストラン。星野は「あそこ、行ったことがなくて不安だから、井手さん、先に入って待ってて」というよくわからないメールを送ってきた。実際に僕が待っているところにあとから入ってきた。

僕はいろいろ話そうと思っていたし、星野もメールで「井手さんに質問したいことがある」などと書き送ってきました。

けれど彼は、いざ店に入ると「この料理、おいしいじゃない！」などとたわいもない話しかしなかった。僕も、なんとなく乗って、肝心なことは言い出せず、そのまま食事の機会を終えてしまった。

そのあと、僕は家に帰って「ああ、社長は僕のガス抜きがしたかったんだな」と思った。途中で一度だけ「今日、聞きたいことがあったんじゃなかったんですか？」と言ってみたけれど、彼は「いや、もういいんだ」と言っていた。忙しいなか、時間をとってくれて、わざわざ僕のガス抜きに来てくれるなんて……。実際に、この優しさは、ボロボロになり

かけていた僕の心に染みました。

でも、僕は何かが言い足りなかった。だから、数日後、電話をかけた。

## 会社をたたんで釣りでもしよう

ここまでお読みになって「なら辞めちゃえばよかったのに」とお考えになるかもしれません。でも僕は不思議と「辞める」という選択肢を考えていませんでした。以前は「いつ辞めてもいい」くらい思っていたのに、不思議です。

理由は、会社が傾いていたからでしょう。

僕は三回、会社を辞めていたけど、どれも会社の業績は悪くなかった。だからこそ僕も「次に行こう！」と踏ん切りをつけることができました。しかし、このときの状況はひどかった。だから、僕なりの責任感が、僕を押しとどまらせていた。

要するに、放っておけないから辞めなかったんです。

だからこそ、言わなきゃいけないことがあった。

実を言うと、僕はこの電話で話したことをハッキリ覚えていません。でも、こんな話をしたと思います。


「ねえ、社長。

こんなに、うまくいかなくて、将来が見えず、みんな辞めていく職場って、なかなかないですよ。僕はもう、この事業はダメだと思っています。売り上げもガタガタと減っていくし、誰も、このビールが将来、売れると思っていません。

何をしていいかわからず、途方に暮れています。このままだと、僕も耐えられないかもしれないです。

僕は、どうしたらいいんでしょうか？」


星野と僕は、さまざまな思い出を共有していました。

初めて星野と二人で会って、醸造所を見に行こうと誘われ「まあヒマだからいいか」とついて行ったら、まだ建物はスカスカだったけど「ここに釜が入る予定でね！」なんて聞かされるうちに、一気に「うわあ、すごいな、ここでビールをつくるんだ」と想像が膨らんできたこと。

まだガランとしていた事務所で宮井さんが「いまから僕らは新しい事業をやるから！」と満面の笑みで挨拶（あいさつ）をしたこと。

あーすぃーが真剣な表情で研究をしている姿。

そして、初めて「よなよなエール」を飲んだときの感激。いままでの日本のビールに比べてとても深い感じがある。でもその深さが、果物なんかまったく入れていないのに、フルーティとしか言えない香りを含んでいた――。

そのあと、この電話の会話は、具体的に思い出せません。ただ僕は、自分の、さらには会社の運命を変えた一言だけを、よく覚えている。星野は「でもさ、もう本当に全部やり尽くしたのかな？」と言ったあと、こう言ったんです。

「とことんやろうよ。とことんやって、それでもだめだったら、そのときは会社をたたもう。会社をたたんだら、湯川（ゆかわ）で一緒に井手さんの好きな釣りでもしてのんびり暮らそう」

湯川とは、軽井沢の星野リゾートの敷地内を流れる川のことです。

そして、星野は釣りをしません。

僕は電話のこちら側で、その言葉の重みを自分なりに感じとっていました。思いもよらぬ言葉に頭は真っ白になり、ただただ、体が震えていた。

それまで僕は、星野にとって、ヤッホーブルーイングの事業はサブビジネスだと思っていました。でも冷静に考えると、この醸造所の初期投資には一〇億円程度かかっているはずです。彼にとっては、当時の年商の半分くらいを注ぎ込んだ、一世一代の事業だったんです。

でも僕は、能力が足りないだけでなく、これを一緒に進める覚悟すらなかった。言葉にはせずとも、心のどこかで「うまくいっていないし、ビールも売れなければ、最後はまたあきらめればいい」と思っていた。だから、何をやっても他人事だった。

現場にいない彼のほうが、本気だったんだ。

その本気を、僕はどれだけ受け止めていただろう？

しかもこのとき、僕は、星野の話を聞き、また別の衝撃を受けていた。

「まだ成功する可能性が残っているのか？」

と思ったんです。さらには「とことんやろうよ」という選択肢を提示されたことにも驚いた。この人は、まだやり残したことがあると思っているのだろうか？
僕に、できることがあるって言うのか？

僕は電話を握りしめて泣いていた。
確かに僕は釣りが好きだ。でも、星野に僕との釣りを付き合わせては、絶対にだめだ。ここまで覚悟があって、僕を支えてくれる星野に、そんな悲しい結果をもたらしては絶対にだめなんだ。

彼は優秀だったけど、それよりもっと大きな特徴を持っていた。「自分が決めたことはやり遂げる」という強い意志を持っていた。そんな星野がこう言うなら——。

僕は、この仕事に人生を賭けてみよう、と思った。
こんな心境になるのは、生まれて初めてだった。自分の感覚では、この会社は、もうダメだ。でも、星野があきらめてなくて、まだできることがあるんじゃないかと言うなら、それを探し、やってみよう。

思えば、僕は人生を賭けていただろうか。いや、この経営者についていけばいいと思っていただけだった。

そのあと、星野と何を話したか覚えていません。

でも、僕はここで、一つ進化をした。

命を懸けてやってみよう！

どうせ、生きるなら、狂おしいほどに。

そんな進化です。

# 第5章

# 運命を変えた七年前の手紙

## 仮装した人が来てます！

自分の無能さが歯がゆい。バカから脱したい。そう切に願って、僕は、自分が変わることにしました。

すると、何が起こったのか——？

この章の初めに、少し時系列を無視し、僕が結果的にどう変わったのか、お話ししたいと思います。

あれは忘れもしない、二〇〇九年のことです。僕はネットショッピングの大手・楽天市場の「ショップ・オブ・ザ・イヤー」の授賞式に行き、——大変申し訳ないのですが——楽天市場の創業者・三木谷浩史さんの前に、仮装して登場したのでした。

そもそも三木谷さんと僕が最初に会ったのは二〇〇五年でした。

楽天市場は、年に二回、大規模なイベントを開催します。一月には「新春カンファレンス」、ビールが売れる時期に「夏のエキスポ」。出店しているさまざまな店舗のスタッフが東京会場や大阪会場に集まります。ゲストの講座が開かれて、参加者が真剣な表情でメモ

を取っている……そんな雰囲気です。

僕が三木谷さんと会ったときの会場は新高輪プリンスホテルのやたら広い部屋で、たぶん一〇〇〇店舗くらいの出店者が集まっていました。

僕はこのときスーツを着て、三木谷さんに「よなよなエールの井手です」と話しかけて名刺交換をしました。三木谷さんも「星野さんとは最近よく政府の会合でご一緒するんですよ」などと話してくれました。大人同士のソツのない会話です。

余談ですが、僕はこのとき、参加者全員にネームプレートが配られたことをよく覚えています。僕は無色のもの、でも周囲を見ると、たまに色がついたネームプレートをつけている人がいます。

楽天の方に「あの色って何か意味あるんですか？」と聞いたら、どうも、売り上げごとにランク分けされているらしい。一年以内の各月の売り上げが月商一〇〇〇万円未満だったら無色。一〇〇〇万円を超えた月があればオレンジ、三〇〇〇万円を超えればイエロー、そして一億円を超えるとピーチになります。

いいアイデアですよね。なぜって人間なんて――いや、僕だけか――単純なもので、名札に色がついている人がまるでＶＩＰのような気がしてうらやましい。そんな目で周囲を眺めていると、色つきの人は、やっぱり心なしか誇らしげな表情に見える。

三木谷さんはきっと、僕の、色がついていないネームプレートを見たに違いない。何を感じただろう？　そう思うと、絶対に色つきになるしかないじゃないですか！

そんな状況から、僕らは数年かけ、オレンジ、イエローときて、ついに「よなよなエール」が「楽天市場で最も売れているビール」になって、ようやく「ショップ・オブ・ザ・イヤー」を受賞することになったんです。

さて、このときに僕はどうやってお客様に喜んでもらえるかを考えていました。メールマガジンや楽天のサイトで、僕らのビールへのこだわりを知ってもらって、初めてさまざまな方たちにファンになってもらうことができました。また、醸造所見学やイベントで触れ合う機会をたくさん設け、ファンの方たちとの絆を深めてきました。

その結果、僕らはファンのみなさんに、この場へと押し上げてもらったのです。

僕は、そんなファンのみなさんに僕らなりの恩返しがしたかった。決して、はしゃいでいたわけじゃありません。でも、やったことは……。「仮装」でした。

ファンの方たちに笑ってほしかった。「やっぱりよなよなエールのスタッフはおもしろ

い」と思ってほしかった。

また「やらかす」ことでネタが生まれれば、ネット上で僕らの店のことが話題になるかもしれません。その結果、「おもしろいやつがいる」と口コミで僕らの存在を広めてくれるかもしれません。

楽天だって「ショッピング・イズ・エンターテインメント」を標榜（ひょうぼう）しています。それでもつまみ出されてしまったら——。それはそれでネタです。

そんなわけで僕は、授賞式にスノーボーダーの格好で行った。手には「よなよなエール」の缶を模（も）したダンボール製のスノーボード。前日に五時間かけてつくった力作です。のちの作品「インベーダー」や「電卓」に比べるとおとなしめかもしれません。でもこれが、当時の僕らが発想した、最大限「ぶっ飛んだこと」だったのです。

とはいえ楽天にすれば、雪もリフトもないのに、スノーボーダーがやって来るなんて想定外。会場に着くと、受付の方が僕の格好を見て少し顔をこわばらせながら「運営の責任者に聞いてくるので、ここでお待ちください」と言いました。きっと僕の体中からプンプンと、入れちゃいけない雰囲気が漂っていたんでしょう。

僕は心の中で「申し訳なかったかなぁ」と思いました。だって係の人は、上司とこんなやりとりをしなきゃいけないんです。

「スノーボーダーが来てます」

「はあ？」

実を言うと事前に、楽天の担当の方に連絡をとって、軽く打診はしていました。しかし返事は「それは私の判断ではなんとも……」とのこと。ならばと上司の方に連絡をもらうと「お気持ちはわかるのですが、こういう場なので自粛（じしゅく）してほしい」とおっしゃる。

ならば、黙ってやるしかない。まあ、楽天の社業にも多少は貢献できていて、その年のベスト店舗に選ばれているんだから、多少は無礼講（ぶれいこう）かな？　という開き直りもあった。

と、そんな経緯だったんです。

わかりやすく言えば、「恐れ」はありました。申し訳なさもありました。でも、それを上回る責任感と、切迫した事情があった、と言うべきでしょうか。しかも、この一世一代のチャンスにやらずして、いつやるというのか。

しばらく待つと、運営の責任者とおぼしき人が来て、

「どなたですか、今日のイベントで何か催し物をやる方ですか。それとも、どこかタレン

ト事務所の方でしょうか？」

と聞かれました。僕は肝心なこと言い忘れていたんですね。

「いやいや、表彰される者です」

受付の方たちは一同ポカーンとしていたことを覚えています。

## 僕らの個性ってなんだ？

ネット通販って、メーカーの大小は、売り上げにあまり関係しません。僕らのような知名度がないメーカーのビールは、実店舗では、なかなか商品を置いてもらえず、扱いも小さかったりします。しかし、ネット通販ならどのホームページも平等です。

しかし、お客様にわざわざ「ヤッホーブルーイングのビールが飲みたい」と検索してもらわなければ、僕らのホームページを見てもらうことはできません。お客様の多くは、どこかで「ヤッホーブルーイング」や「よなよなエール」に興味を持って、検索して、来店してくれた方たちです。

そして、いらしてくださったお客様にはぜひ、リピートしていただきたい！

「変わったビールだな、試してみるか」というお客様ではなく、冷蔵庫に「よなよなエール」のストックがあって、冷蔵庫がカラになるたびに「あのビールがないと寂(さび)しい」と、パソコンを立ち上げ買ってくださるお客様を増やすことが、本当の「成長」につながるんです。

だから、まずは「検索していただく工夫」、次に「リピートを獲得するための工夫」が必要なんです。

その最大のものは――ズバリ、僕らの「個性」を知って興味を持ってもらうこと、ファンになってもらうことです。

スーパーやコンビニの売り場に製品を並べ、買ってもらうだけの関係では、会社の哲学まではなかなか伝えられません。でも、お客様にホームページをご覧いただき、メールマガジンを購読してもらえば、僕らの思いや、考え方や、温もりまで感じてもらうことができます。

その結果、「こいつら、おもしろいじゃん」とか「実際に会ったら気が合うだろうな」などと感じていただければ、リピートしていただけるんです。

要するに、ネットで製品を売る場合は、大手企業のように「世の中の多くの方たちと薄

く広く交わる」のでなく、「一部の方と濃く交わる」ことが必要なんです。
だからこそ、自分たちの個性を出す。これは当時もいまも、鉄則だと思っています。

ならば、僕らの個性ってなんなんでしょうか？

僕らはそれまでに「知的な変わり者」という言葉を設定していました。

僕らがターゲットとするお客様も「知的な変わり者」だと思います。

だって、コンビニやスーパーで気軽に手に入るビールや、量販店で買える安いお酒を手に取らず、わざわざ通販で、一缶あたり数十円高いビールを買ってくれる方たちです。ビールにそこまでこだわりがある方たちだから、きっと持ち物やライフスタイルにもこだわりがあって、周囲から見れば「ちょっと変わった人」なのかもしれません。

でも、人を不愉快にするような変わり方じゃなくて、むしろ、じっくり飲んで話を聞いてみたいような、センスのいい変わりっぷりなんだと思う。

そして授賞式は、僕らの「変わり者」っぷりを伝えるステージにもってこいの場所なんです！

## まじめをこじらせよう、真剣にふざけよう！

こう書くと、まるで一から十まで戦略的にやっているように思えるかもしれませんが、ただ単に、私が「おふざけ」が好き、ということも大きな要因ではあります。それにそもそも、売っている製品がビール＝嗜好品（しこうひん）だからできる、という部分も大いにあるでしょう。

いずれにせよ、そんなわけで僕らは真剣にふざけると決めた。何が起きても、授賞式を終えたあと、ホームページに写真を載せて、お客様に僕らの覚悟を伝え、笑いをとる！

授賞式は、そんな意味でももってこいの場でした。運動会のような気軽なイベントでなく、堅い授賞式の場だからいいんです。

係の人、許してください！　上司の方も、ごめんなさい！　受賞者のみなさん、ハレの舞台に変なヤツがいて気分を害されると思いますが、本当にごめんなさい！

背に腹は代えられないんです。僕らのような小さな会社は、広告費もないから、こうしておもしろがってもらうくらいしか、みんなに注目してもらう機会はないんです。

ついに受賞のときがくると、僕はこの格好で壇上（だんじょう）にあがって、「コイツをどう扱えばい

いんだろうか」といった表情で困惑する司会者から表彰状を受け取りました。

僕は壇上から三木谷さんに駆け寄った。

そして「ミキティー、イエーイ！」などと肩を組んで記念撮影。

当然ですがこれ、誰にも伝えていない行動で、三木谷さんの顔がこわばっているのを見たときは、さすがに一瞬「これ、やばいな。つまみ出されるかな」という思いが頭をよぎりました。

でも、僕がテンションを下げてしまったら、本当に場が冷めてしまいます。だから僕は「止められない男」っぽいオーラを出して、勢いに任せて一座を笑わせて帰ってきた。

とにかく……。こういうときは中途半端にやることだけはいけない。いや、何ごともそうかもしれないけど、中途半端だと写真に撮ってもおもしろくないし、会場の人たちも「アイツ、仕事であんなことやらされてんのかな、かわいそうに」となってしまう。心から、心を込めて、やんちゃな自分に、その場はなりきるんです。

結果は、大盛況。

実は事後、楽天の方から「三木谷のところへ行くときは、いろいろ警備や進行上の問題もあるので、今後はやめてくださいね」と注意され、以降は少しは気を遣うようになりましたが、僕は相変わらず、少し気を遣いながら三木谷さんに突進していっています。

ほかはおとがめなし！


僕がさっそくホームページに写真をアップすると、ファンの方たちから「本当にやったか」「よく頑張った！」といったメッセージが次々と届くじゃないですか。

そして、楽天からも、おおむね受け入れられているようです。実は授賞式のあと、僕らのノリを喜んでくださった人たちの筆頭が、なんと楽天の社員さんたちでした。以降は授賞式に出るたびに「今回は何を？（笑）」と質問されます。聞くところによると、三木谷さんも楽しみにしてくれているとか。おかげでいまは楽天だけでなく、さまざまな表彰式に行くたび、何か変なことをやって帰ってきます。


僕は、こんな経験からかなり大切なことを学びました。

まずは「真剣に、誰も止められないくらい真剣にやっていれば、奇異に見えても、怒る人はそういない」ということです。いやむしろ、応援に変わる場合すらある。

同時に「やはり全員に受け止めてもらえるわけじゃない」とも学びました。あるイベン

トで、大企業の役員さんがお一人だけ、「一切かかわらない」と決意したかのような冷めた目線で僕を見ていたこともありました。

これは致し方ないことだと思います。何かやれば批判はあるもの。でも、僕にすれば、得るもののほうが多かった。だから僕は早く「時には仮装もする会社なんだ」と認めてもらえる存在になろうと考えました。

さらには「恐怖心は克服できる」ということ。「やってみないとわからないことばかり。やってみるといろいろわかる」ということ。僕の場合は「けっこう、楽しいかも」とも感じました。眠っている資質が呼び覚まされてきた、ということなんでしょう。

いずれにせよ、こんなかたちで仮装しているうちに、マスコミの方も食いついてきて記事にしてくれ、それがヤフーのトップページに載って、また検索してもらえる――。

僕は結局、ビクビクしながらもやるべきことをやって、「これが自分なのかもな」という強みを見つけたのでした。

では、どんな経緯で、僕らはこんなクレイジー（型破り）なことを始めてしまったのでしょう？　この本の後半は、再び、絶不調だった時期に戻って始めようと思います。

# 冬眠の時期のナイスな決断

僕が「絶不調の時期」の出来事で思い出すのは、長野県内の試飲即売会のことです。地ビールブームが去りつつあった時期も、観光地ではまだブームの名残があって、僕らのビールは多少売れていました。そして長野県は観光地だから、夏は避暑地、冬はスキー場に観光客の方がいらして「せっかく来たんだから、長野でしか飲めないビールを飲んでみよう！」と買ってくださるんです。

僕らは藁をもつかむ気持ちで即売会を開催することに決めました。

年末年始に動ける社員総出で——といっても七～八名なんですが——さまざまなスキー場や、温泉街の酒屋さんや、おみやげ屋さんの軒先を借りてビールを売るんです。

記憶に残っているのは、尋常じゃないレベルでつらかったから。

冬です。スキー場です。夜です。雪が降るところだから、標高も高いです。なおかつ、僕らは運動しません。当たり前ですが雪はどんどん降ってきます。ビールと同じく、体もキンキンに冷えて、雪だるまのようになります。

そこに、温泉帰りのお客様が通りかかる。お客様は湯でほてった身体に寒い風が気持ち

いいはず。そんな瞬間、雪だるまから声がかかる！

「一口いかがですか？」

興味を持ってくださったら、こう話します。

「日本にはあんまりないエールビールです、ほら、香りが違うでしょ？」

すると、買ってくださる方もいて、笑顔のお客様が一言おっしゃるんです。

「頭の上にも雪が積もってますよ」

必死だな、と思って買ってくれたのかもしれません。温かさが身に染みる瞬間です。


そんな急場しのぎで日銭を稼いでいるなか、大きな方向転換があった。小林康雄さんという星野リゾートの名物社員が醸造所の舵取りをするようになったんです。彼はその行動力と、有無を言わさぬべらんめえ調の口調で、会社を、その時点で最適な方向へと導いていきました。

彼が目標としたものは、一言で表現するなら「縮小均衡」。

いまとなれば僕もわかるんですが、まず、出血を止めなければいけないんです。これは調子がよくない会社が最初に為すべき常道で、とにかく赤字を減らして会社の存続をはかり、またチャンスを待つんです。

だから彼の方針は、とにかく経費の節約。人は増やさない。即売会のように利益が出るならともかく、通常の業務のときはとにかく残業や休日出勤をしない。無理に販路を拡大することもやめる。

とにかく、そんな節約マインドを徹底するために、電気代から紙代まで、少しも無駄にしないよう心がけた。すると、会社の決算としての赤字は少なくなっていく。

僕らはその後、この時期のことを「冬眠の時期」と呼ぶようになりました。

いま思えば、これも重要な時期だったんです。その後、風向きが変わって会社は上昇気流に乗っていきます。もし大出血が続いていたら、上昇気流に乗る前に会社が倒産してしまったかもしれません。きっと、病気に罹（かか）った動物のように動かず耐えるって重要なんです。

でも、この時期は心が寒かった。スキー場で、頭に雪が積もるより寒かった。

小林さんのおかげで最悪期は脱していて、新しい試みもいくつかは始めていました。でも、いい結果が出ない。将来に対しても「これだ！」と言えるような明るい何かがないな

かで縮小均衡策を続けることはつらく、会社の雰囲気は以前よりだいぶよくはなっていたものの、活気はなかった。笑顔も少なかった。

僕だって、毎日の仕事は決して楽しくはありませんでした。当然みんなもそうで、またしても人が一人、また一人と辞めていく。新たに若い人を雇っても、結局、長続きしない。

しかし、僕らはこの時期、あとで考えると非常にいい決断をしていました。

間違った方向に行ってしまったら、いまのヤッホーブルーイングはないと思うほど、勇気ある、素晴らしい決断だったと思います。

「大切なものは変えなかった」んです。

地ビールブームが終息すると、小規模メーカーの多くは撤退するか、「個性的な味のビールは売れない」「大手と同じ味でなければ」と製品の変更を余儀なくされました。僕らも、社内で「このままじゃダメなんじゃないか」と疑心暗鬼（ぎしんあんき）になっていました。

しかし僕らは「アメリカで人気があるエールビールが日本でも受け入れられないはずがない」と考え、むしろ「僕らが目指す理想の味」を完成させようとした。

フルーティなホップの香り、じっくり味わって飲みたくなる苦みとコク。僕は、このビールがおいしいことには自信があった。それを、これで「終わり」にしてよいのだろうか。しかも、少しずつだけど、ファンも増えていた。「よなよなエール」がなくなってしまったら、きっと悲しむに違いない……。

なのに、会社の気分は違った。別の味の製品を出すことなどが議論された。もっと飲みやすくて、安くて、ビールらしいネーミング、ということになるでしょうか。

しかし、星野たちと議論をすると、結論はだいたい同じでした。

「目先のことも大切だけど、存在意義に立ち返ろうよ」

僕らがここにいる理由は「ビール事業を黒字化したい」という、ありきたりな話なんかじゃない。そんなことを成し遂げても、社内はともかく、世の中の誰も喜んでくれない。そうじゃなくて「個性豊かなビール文化を日本に根付かせたい」。なかでも、まずはおいしいエールビールを、夜な夜な飲めるようにしたい。

それができないなら、この事業はたたむべきなんだ。こういう難しいことに挑戦していくのが僕らの会社なんだ。

ただし、当時は日本で受け入れられていなかったエールビールを広く普及させていく仕事は非常に難しかった。

いま思えば、既存の活動では無理だったのかな、とも思います。

でも僕らは、まだ自信を持って「知的な変わり者で行こう！」と信じることができず、ただあせってばかりいた。

いま思えば、ほかの会社がやらなさそうなことをやることが、取るべき道だったんです。

でも、僕らの意識が、まだ、それができるまでに至っていなかった。

そして、この頃の僕はといえば……、遅ればせながら、勉強を始めていた。

## 魔法の言葉「それはちょうどいい！」

宮井さんもいなくなってしまった。三六〇度どこから見てもエリートと呼べるすごい人は、当分、この会社には来ないだろう。

だから僕は「営業リーダーの僕がバカだから会社がつぶれそうになるんだ。バカを脱しないと！」という必死な気持ちで、マーケティング、会計、事業戦略など、ＭＢＡの取得者が学ぶようなことを通信教育で学び始めました。

みなさん、少し余談を許してください。

僕はこのあと「それはちょうどいい」という言葉を学ぶことになりました。さまざまなセミナーに出たなかで教わった言葉です。何かよくないことが起きたとき「それはちょうどいいと考えよう！」と言うんです。

少し想像してみてください。仮にあなたが小学校の先生だったとします。ある朝出勤したら、校門の前で子どもたちが騒いでいる。聞けば、門が閉まっていて鍵がないと入れない。ほかの先生たちもいて、用務員さんに連絡は取ったけれど、電話はつながらないと言う。そうこうするうち、始業時間は迫ってきてしまった。

このとき、あなたは、どう感じますか？

「これじゃ遅刻だ、授業が始まっちゃうよ！」とあせる人がいるかもしれません。用務員さんに腹を立てる人もいるかもしれません。怒って、無駄とわかっていてもガンガンと門を叩く人もいるでしょう。

でも、悪いことが起きたとき、こう考えるといいのだそうです。

「それはちょうどいい！」

あせりや怒りをグッとこらえて「それはちょうどいい！」と念じるんです。

仮に小学校の場面なら「待っていても時間がもったいないから、きょうは屋外授業に変更だ。そうだ、昆虫採集をしよう！　こんな機会めったにないぞ！」などと、目の前の景色を一変させることができます。

物事はすべて無色なんです。色をつけるのは自分次第なんです。

どういうことかというと……目の前に存在するのは、ただの事実で、どう解釈するかはその人次第なんです。そして、目の前ではいつもいつも、自分が想像しない、望まないことが起きます。

でも、望まなかったことって、長い目で見たとき、悪い結果ばかりもたらしてきたでしょうか？　きっと、そうでもないのではありませんか？

僕はこの考え方を知ったとき、大きな衝撃を受けました。こんな角度で物事を考えたことなどいままでなかった。僕のその後の生き方を大きく変えた魔法の言葉、それが「それはちょうどいい！」だったんです。

そしてこれは、ヤッホーブルーイングのいままでにおいても、同じかもしれません。よくないことも、そのときには想像もできない結果をもたらすのです。僕はまさか、お弁当代にこだわっていた自分が、ＭＢＡを取る人たちと同じようなことを自費で学ぶとは思っていませんでした。

もちろん、あがいている、まさにそのときは「ちょうどいい」などとのんきなことは言っていられませんでした。嫌なことは、嫌なこととして、僕の目の前にありました。宮井さんたちが退職してしまい、残業すらできないほどの経費節約のなか、僕らは先が見えない洞窟（どうくつ）のなかを手探りで進んで行くしかなかった。

「それはちょうどいい」などと言ったら、不愉快に思う方もいるかもしれません。会社を辞めていった方たちに申し訳ない。

また、小売店さんや問屋さんに対しても申し訳ない思いがあります。地ビールの絶頂期、僕らのビールをコンビニで展開してくれた問屋さんがありました。責任者は当時で五〇代、親分肌の素敵な方でした。しかし当時「地ビール」は観光地で飲むものと思われていたた

めか全然売れず、対策を話し合う場が設けられました。その場で、責任者は、僕らを責めるようなことは何も言わなかった。でも、彼の部下の方がこう言うんです。

「コンビニの担当の方は、社内で責任を追及されています。弊社でも……」

そんな状況で「それはちょうどいい」などと言っていいわけがありません。

でも、振り返ると、やはり、望まざることにどう対処するかが、僕の人生と、ヤッホーブルーイングという会社に大きな影響を及ぼしています。

なぜなら、こんな「冬眠の時期」に起きたさまざまなことがなければ、そのあと、ここまでのスピードで成長することはなかった、と思うからです。

## 出会いの瞬間を見逃したら、いまの僕らはいない

転機が訪れたのは、二〇〇四年の夏を迎える前のことでした。

僕らはあいかわらず少ない人員で会社を切り盛りしていて、だから事務所には書類や手紙がたまりにたまっていました。いい加減、残すものと捨てるものを区別しなきゃいけません。果てしなく日常的な光景です。

そして僕は、何かを始めると、一気に終わらせなきゃ気がすまなくなる。「面倒くさいけどそろそろだ」と決意し、棚の書類を次々と整理したり、捨てたりし始めた。

すると棚の奥のほうから、ちょっと雑な字でしたためられた手紙が出てきた。でも、不思議なもので、見た瞬間、捨ててはいけない雰囲気がありました。そして「何の手紙だろう？」と読んでみたら、「このたびは御出店ありがとうございます」と書いてある。「出店？」と思って文末を見ると……。

「一緒にインターネットで世界を目指しましょう。三木谷浩史」

と書いてある。

「え？」と思ってよく読めば、よなよなエールの通販サイトが楽天市場に出店したときに、三木谷さん本人が送ってくれた手書きの手紙でした。

楽天は一九九七年五月にオープンしていて、僕らは翌月には店を構えていました。要するに、七年前の手紙でした。当時は三木谷さん自身が、星野に「店を出しませんか？」と営業に来ていたと聞いています。

ところが、せっかく手紙をいただいたのに、楽天に出したお店は開店休業状態でした。誰も管理してなくて、注文もほとんどなし。そもそも出店した九七年当時は地ビールブームで、製品は何もしなくても売れていたし、その後はテレビCMを打って、小売店さんに製品を置いて……と、大手ビールメーカーのミニチュア版をやろうとしていた。だから、失礼な話ですが、楽天に出した店ごと、みんなの記憶からほぼ忘れ去ったような状態だったんです。

ブームが去って製品が売れなくなってからも、誰も手をつけていませんでした。インターネットでモノを買う人はいまほど多くなかった……というより、まだ増え始めたばかりだったんです。同時に、当時は会社でパソコンを使ってインターネットで何かやってると、まるで遊んでいるように見えました。

しかも、人って結果が出るかどうかわからないことってやりたがらないじゃないですか。僕らにとって、ネット通販は、まだそんな程度の重要度だった。

いま思えば、何が起こるかわからないからこそ、やってみる価値があるんですよね。迷ったときは、最も結果が見えないことこそ、やってみるべきなのかもしれません。でも当時はまだ、そんな思考になってもいなかったんです。

実を言うと、僕はネットに関心を持ってはいたんです。

二〇〇〇年に、昇進試験を受けるため、人生で初めての「プレゼンテーション」をしました。その内容が、なんと「ネット戦略について」。でも、あくまで昇進試験を受けるからやったことであって、管理職になれればよかったんです。だから、力が入ってない。

僕は「ネットに注力しようにも、やり方がわからない」と宮井さんに話し、ネット上の有名店をプロデュースしたコンサルタントの方を探し始めました。すると関西にいい方がいらして、僕は宮井さんと一緒に東京で会合を持ちました。

でも、結局はモノにならなかった。宮井さんが「発注は認められない」と言ったんです。コンサルタントは実作業まではやってくれない。しかも指示する人間――すなわち僕が何もわかっていないのに、何を頼もうと言うんだ？ と言っていました。

僕は反論しましたが、いま思えば、宮井さんは正しかった。肝心の僕が他力本願で、どんな作業にどれくらいの時間がかかるかなども知らず、自分でやったこともないから、問題点もわからない。そんな状況で、うまくいくわけがないんです。

その後、違う人が上司になってからも、僕はネット戦略を提案していました。でも、このときもモノにはなりませんでした。

メールマガジンの原稿を書いても、上司は超多忙で、チェックしてくれるまでに一週間もかかってしまう。それに、優先順位が低かったんでしょう。やっと見てくれた頃にはもう、時事ネタなどは旬が過ぎていて送れない。楽天のホームページを少し手直ししたくても、上司は僕がわかっていないことを知っていたから、簡単にはＯＫを出してくれず、僕もいつしかモチベーションが下がってしまった。

そんなこんなで……。結論を言えば、僕は何もやっていなかったんです。

手紙を見つけたあと、僕は情けない話ですが、悔しくなってきました。

楽天は、二〇〇〇年には上場していて、二〇〇四年の夏頃……ちょうど僕がこの手紙を読んでいた頃は、もうプロ野球の球団を立ち上げるのではないかと噂(うわさ)になっていたほどでした。かたや飛ぶ鳥を落とす勢い、こっちはつぶれそうな会社って、なんなんだろう。しかも、僕と三木谷さんは年齢が二～三歳しか変わらないんです。

やっぱり、結果を出さないと惨(みじ)めなものなんだな。

三木谷さんは一九九七年から二〇〇四年までの間に、遠くに駆け上がっていた。

もちろん失敗もあっただろうし、苦しいこともあっただろうけど、僕らの失敗や苦しみとは本質的に、別のことをしていたのだと思った。

いろいろ苦しんだのは一緒でも結果が違う。なぜだろう？

僕らは、いままで誰かがやってきたことをなぞってみて、それが失敗に終わって苦しんでいた。一方、三木谷さんは、誰もやったことがないことに挑戦して、前例などない方法をいくつも試して、失敗と成功を経験していた。

僕は、三木谷さんに比べ、新しいことをやるとき「うまくいく！」と信じ切る力が圧倒的に足りなかったんじゃないか……。

いずれにせよ、僕は棚の奥のほうに眠っていた三木谷さんの七年前の手紙を見て「いままで何をやっていたんだろう？」と呆然とした。

そして実は、この時期、さらなる偶然も重なっていたんです。

まず、僕らのビールの缶をデザインしてくれた人が、楽天にお店を出し、人気が急上昇していました。家具の販売店で、楽天がお店向けに発行している「Rakuten ICHIBA DREAM」という月刊誌でも取り上げられていた。記事には「楽天さんが言うとおりにやっただけ」と書いてあったから、僕はデザイナーの方に電話をかけ、経緯を聞いてみまし

た。すると「記事のとおりですよ」と言う。

しかも、この時期には宮井さんももういなかった。縮小均衡策をとった小林さんも星野リゾートに戻っていて、会社は自分たちの自主運営状態になっていました。

営業の責任者は、この僕。だから「いまなら勝手にできる」という思いもありました。上司に確認をとる必要はなく、やったことは自分に返ってきます。だから、やってみたいと思った。


さらには、楽天の方が背中を押してくれました。楽天には各店舗の担当者がいて、売り上げを伸ばすためアドバイスをくれます。当時は林亜紀子さんという女性で、彼女が熱心だったんです。

いや、正確に言えば、楽天の担当さんはその前の方から、ずっと熱心でした。けっこうな頻度で電話がかかってきていたんです。でも、ネット担当者なんていないから、営業の責任者の僕が出ることになる。電話の向こうから聞こえる「インターネット頑張りましょうよ」とか「来月、キャンペーンやってみませんか？」といった声。

一時期は何もしなくても売れていて忙しかったし、その次は、人がいなくなって忙しかった。だから失礼を承知で言えば、楽天から電話があるたび、心の中で「いま忙しいんだけどな……」などと思っていました。実は、居留守を使ったこともありました。反省しています。さすがに無礼です。

そんな熱心な楽天のなかでも、林さんは特に熱心でポジティブだった。いまは予算も時間もないんですけど……とわかる態度で話しても、翌日にはまた元気な声で電話をかけてくる。しかも何度でもめげずにかけてくる。だから僕は「そうか、この人なら信じてもいいかも」と思ったんです。

その後、楽天で急成長を遂げることを考えたら、僕は、悔しくなるほどバカでした。

振り返って思います。もっと早く手をつけていれば、もっと早く成長できていたかもしれません。きっと、三木谷さんのような方なら、もっと早く手をつけているはずです。いや、三木谷さんはもっと早く、店舗運営する人たちを応援する側になったんだから、僕など想像もできない「天才」でしょう。

でも、こうも思います。

どん底まで落ちて、最後の最後の最後、いろんな幸運が重なって初めて手をつけるよう

なバカでも、そこそこうまくいけた。だったら、どんなことでも、気づいたいまから始めればいいじゃない！

いずれにせよ、当時の僕はその後のことを知るよしもなく、電話の受話器を手にとって、林さんに連絡を入れました。林さんは受話器の向こうで、こう笑ってくれました。

「うれしいです！　ようやく話を聞く気になってくれたんですね？」

人生で、最も変化がある瞬間って「出会いの瞬間」なんだと思います。

よそさまの力を、自分の人生にどう活かすか。

それって、自分の人生を大きく左右することなのかもしれません。

僕が林さんから聞いたのは、ネット通販独特のマーケティングでした。楽天が何度もヤッホーブルーイングに電話をくれていた理由がはっきりわかりました。林さんはいつもの明るい口調で、ネット通販の本質をズバッとついてくれました。

「井手さん、ネット通販では、何かキラッと個性が輝いている製品が売れるんですよ！」

そのとおり。当時、近所のスーパーで買えるものを、わざわざネット通販で買う人はいませんでした。いまでこそ、特に飲料はかさばるから、近所で買えるものをネットで注文する人も多いけど、当時のネットはまだ「これ、注文したはいいけど、本当に届くのかな？」と不安になるようなシロモノでした。

だからこそ「ここでしか買えない」ものに意味があった。

しかもサイトであれば、じっくりエールビールの解説ができます。そして「よなよなエール」が気になって買いに来てくれる人たちだから、解説を読んでくれる確率は高い。

林さんは、それがわかっていたから何度も連絡をくれたんです。楽天にとって、「よなよなエール」はまたとない製品だったし、僕らにとっても楽天はまたとない売り場だったんです。

## みんなにはできないことを、やる

僕は林さんと何度か話すうちに納得し、じゃあ何から手をつけよう、と考えました。彼女が僕にすすめてくれたのは「楽天大学」への入学でした。

僕は高専を卒業してすぐ働き出したため、大学と言われ、思わず構えてしまいました。でも講義の内容を聞くと、ネットショップの管理者がどんな工夫をして人気店にしている

か、ホームページのデザインはどうすればいいか、といったことらしい。

これ、まさにいま、林さんから教わって興味を持っていることを、もっと専門的な方に詳しく教えてもらえるチャンスだったんです。授業料は十数種類の講座をすべて受講すると数十万円。しかも、僕らの会社は長野だから東京に通う新幹線代もかかります。

でも、僕はここで思い切った。

会社には、製造や経理の人しかいなくなって、営業で相談できる人は誰もいません。だからこそ僕は自分の責任で、当時の社員みんなにメールを送った。

「ネットショップでいつまでにいくら売り上げを伸ばします。すると費用は何カ月で元がとれるから、僕は学んできますよ」と見得を切ったんです。

当然、社内の反応は冷たかった。ようやく赤字が減ってきたのに、また何を始めるつもりなんだという懐疑的な目……。でも、僕は林さんの話を聞いていたから、数十万円ですむのであれば、賭けてみるべきだと信じていた。

そのときの僕の、情けない大見得(おおみえ)を聞いてください。

「僕がネット通販でうまくいかなくて実績を出せなかったり、逃げ出しそうになったら怒ってください」

そう、僕はこの期に及んでも、逃げちゃう自分が怖かったんです。だから、あえて背水の陣を敷いて、自ら、逃げられない状況をつくったんです。

長野新幹線に乗って初夏の東京へ行くと、楽天が入居している六本木ヒルズは迷宮のようで、会場にたどり着くのも一苦労だった覚えがあります。でも、楽天大学では大きな学びがあった。最大の学びを、ズバッと一言でお伝えしますね。

「できないことを頑張るんじゃなくて、できることをやる」

別の人になろうとするんじゃなく、自分を極めるほうがいい。いわば「僕であることを極める」ことが、進むべき道だったんです。

授業には五〇人ほどの参加者がいて、それぞれのお店のホームページを見せ合ったりしていました。僕が怖々、よなよなエールのホームページを見せると、予想どおり評価は最悪。なにしろ、デザインが古くて、買っても届かなさそうな雰囲気がありありと醸し出さ

れています。

　だから、僕は何度目かの講義が終わったあと、先生に対応策を聞きました。

「すみません、僕、よなよなエールなんですけど」

「よなよなさんですか、老舗ですね」

「ウチのページのデザイン、ダメですよね。きれいにしたほうがいいですよね？」

　すると、先生は一呼吸置いて、こんな反応をくれました。

「井手さんって――何ができますか？」

「そうですね（汗）、僕はデザインって全然できなくて、店舗作成のソフトの機能もロクに使いこなせないくらいです」

「それでもかまいませんよ。じゃあ、井手さんは何ができるんですか？」

　先生は温厚な笑顔。最初の質問に戻ってしまい、あせる僕。

「いやその……なにができるかって言えば……なんにもできないです」

　開き直って、こう続けました。

「でも、やっぱりビール屋なので、ビールのことは詳しいです。ビールへの思いもあります。そういうのを、人に伝えるのが、僕にできることです」

どうも、いい解答だったらしい。

「それですよ！　そっちをやりましょう」

「えっ。デザインやんなくていいんですか？」

「できるにこしたことはありません。ただし井手さん、いま楽天には、何千店というお店があって、なかには凝ったデザインのお店もあります。でも、デザインがいいのに売れていないお店って、いっぱいあるんです」

「……」

「デザインと中身、どっちが大事かといったら、断然、中身なんです。せっかく井手さんがビールに対する思いや、ビールの製品知識などをお持ちなのであれば、それを伝えたほうがいい。見てくれは悪くても、お店の特徴やこだわりを伝えたほうがいいんです」

恥ずかしながら目からウロコだった。でも考えてみれば的確なアドバイスなんです。

「みんなにはできないことを、やる」

僕は、ことここに至ってもまだ「誰でもやっていること」をやろうとしていた。もちろ

んそれも大事なんでしょう。でも、基本的には「みんなにできないこと」をやるほうがはるかに重要なんです。

ネットショップの運営も同じです。誰でもお金さえかければつくれるきれいなページなんて、実は求められていません。世の中には、幾千万、いや、幾億ものホームページがあるでしょう。しかしこのなかで、わざわざ見てもらえるのは、「そこにしかない個性」があるページ。いわば、自分ができることと、ネットショップで伝えるべきことは、イコールだったんです。

と、そこまで整理して考えたわけではなく、僕は先生の話を聞きながら「なるほど、開き直っていいんだな」などと考えていた。

急に、楽になりました。「僕はこうなんだ」と、自分の感性を活かしていいんだ！

僕はその日のうちに長野へ帰って、家でパソコンを立ち上げました。夜、ディスプレイの灯りに顔を照らされて、僕は最初のメールマガジンを書こうとしました。

快進撃が始まった瞬間でした。

このとき、すでに僕は三二歳。かなり遅いネット通販担当としてのデビューでした。

# 第6章

# スキルは挑戦しながら身につければいい

## 一本三〇〇〇円のビールが即日完売

さあ、何を書こうか。

考えるうちに、思い出すことがありました。

僕が楽天大学で印象的だったことがもう一つあります。楽天の講師の方たち——その後、エラくなっていく人ばかりでした——が、みなさん「よなよなさんですね？」と僕らのことを知っていたんです。

「ええ、でもなんでご存じなんですか？」

「よなよなさんは有名なんですよ（笑）」

「えっ……。もしかしてページがロクにできてないから評判悪かったんですか？」

「いえ『眠れる獅子』って言われているんです」

なんだか強そうです。

「えっ？　どういうことですか？」

「井手さん、三木谷が自分の部屋に『よなよなエール』を飾ってるの知ってますか？」

楽天が創業した年にオープンした店だからと、部屋に「よなよなエール」の缶が置いて

あるらしいんです。楽天の社員さんたちは、みんな「何だろう、あのビールは?」と思っていて、聞けば「あれは初年度のオープンのお店で、すごくいいビールなんだけれども、お店の人が全然やる気がない」と評判だったらしい。

「ってことは、売れる可能性があるって思ってるんですか?」

「思っていますよ。だって、三木谷の部屋に缶を飾っているぐらいですから」

もう、言いたいことはよくわかるようになっていました。「よなよなエール」には、そこにしかない個性があったんです。


ならばとその夜、僕は一計を案じました。

ネタとしておもしろい製品があったんです。当時、「英国古酒」という名で売っていたビールでした。その後、人気になって、いまは「ハレの日仙人」というブランドに変わっています。

タンクで二年ほど長期熟成させたビールで、少しだけ中国の紹興酒（しょうこうしゅ）のような風味があります。年を重ねなければ出てこない、熟成させたブランデーのような複雑な香りがするんです。

つくるのに手間だけでなく時間もかかるから、値段は高くなってしまいます。なんと、一本七五〇ミリリットル入りで三〇〇〇円。

ということは、小売店では絶対に売れません。小売店に缶ビールを買いに行ったときに三〇〇〇円のビールに出会っても買う人はいないし、お店だってそんな在庫は抱えたくないはずです。だからこそ、仕入れようという物好きな小売店もありませんでした。

でも僕は「ネット通販ってのはこういうものを売ればいいんじゃないか」と考えたんです。当時、メルマガは、店で買い物をしてくれた読者には自動で送れるシステムでした（その後、メルマガを希望するお客様だけに送るシステムに変更）。とすると、読者は僕らのビールをわざわざネット通販で買った物好きな人たちばかりだから、逆に、滅多に飲めない長期熟成のビールであれば飲みたいかもしれない。

しかも、ビール通の方たちなんだから、うんちくだって聞いてくださるはず。ネットで売るなら、これ以上の製品はない！

——などと半信半疑の自分に言い聞かせ、僕は、一気に「英国古酒」のページをつくり、メルマガを書きました。

通常一〜二週間で終わる熟成を【〜二年間〜】という
とてつもない長い時をかけて完成させた究極のビール……。
誰も体験したことのない感動を貴方(あなた)に与えます。
通常のビールとは〝まったく異なった〟ビール。
ビールであってビールではない……。
通常のビールであきあきしていて、
エールビールの奥深さをそっとのぞいてみたい貴方！
長期熟成から生まれる〝ビールの余韻(よいん)〟をどうぞ味わってみてください。

瓶詰めは、一日一〇〇本程度が限度だったから、まさにそのまま一日一〇〇本だけの期間限定販売としました。そして、僕はこれが何を巻き起こすかなど想像もせず、ポチッと送信ボタンを押した。

気づいたのは数時間後でした。その間、きっと僕はお風呂にでも入っていたんでしょう、そのあと「売れてるかな？」とパソコンを開くと――。僕は思わず、目を見開いた。

液晶画面に照らし出されたビックリするほどの数の注文。しかも、僕がパソコンを見ている間にも注文が入ってくるじゃないですか。あのメルマガが、ビール通の心に響いたんです。

僕はパソコンの前にへばりついて、そのまま無言で売れ行きを眺めていた。そして、何時だったろう？　もう深夜だったけど製造の担当者に電話をかけた。すぐ反応しなきゃいけないと思ったんです。

「ごめんね、こんな夜中に」

「うん、どうしたの？」

「『英国古酒』が全部売り切れちゃいそうでさ」

「……？」

「えーと、何とか言ってよ。要するに『英国古酒』が全部売り切れそうなんだよ。でさ、明日、もっと瓶詰めできたりするのかな？」

「いいけど、なんで？　え、ネット!?」

言葉を失うのも無理はありません。一本三〇〇〇円のビールが、突然、売れ出したんです。僕は瓶詰めできると確約をもらって、再びパソコンに向かってこう書いた。

「もうすぐ売り切れちゃいそうですが、いま追加で瓶詰めしてもらえるように頼んだので、まだいけます！」

ところが、この一文を読んだ方が「早く買わなきゃ」と思われたのか、逆に火をつけてしまって、追加の分もすぐ品切れ。翌日、会社に行って、僕は担当者に相談しました。

「ねえ、明日も瓶詰めできる？」

「できる、できる！」

製品が売れると、心なしか、会話も勢いが出てきます。

「ドーンと一〇〇本くらいいけちゃう？」

「うーん、確実なところでは五〇本！」

「わかった。メルマガ出してくる」

結局、そのあとも人気は続いて、「英国古酒」は数日で売り切れてしまった。

僕のスイッチが入ったのは、ここからです。

ネット通販ってすごいんだ。一本三〇〇〇円の製品が売れるんだ！　しかもこんな勢いで。始めたばかりで。うまくいけば、すごいことになるんじゃないだろうか。

信じるって大事だな。いろんなこと、可能性を感じたら、信じ切って、やってみよう。ひたすら信じて、疑わず、とことんやる。かつ、自分の頭で考えてやってみよう。自分がやんなきゃ反響がわからない。

一番腰が重かったことが、一番の当たりなのかもしれない。死ぬわけでもあるまい。スキルがないなら、やりながら身につけていけばいいじゃないか。

でも、目標はあくまで小さめでした。

「すごいすごい！　これなら、楽天大学の費用を出した分、黒字が出せるかもしれない。いや、もしかしたら会社が黒字になるかも！」

そのあと、僕はメルマガを書きまくりました。ビールのうんちく、僕らの醸造設備のことなどは特に反応がよかった。

一方、「ポイント二倍キャンペーン実施中」といった内容や「秋は『よなよなエール』と旬のお野菜で！」といった内容は反応が薄かった。

僕は危機感を持って、仮説を立てました。

「もしかしたら、いかにもネットショップが送りそうなメールを書いても、そんなの、読

者は一日に一〇〇通くらいもらっているのかもしれない。メールは、そのなかに埋もれちゃうんじゃないか？」

やっぱり、他社がやっていることをマネしても仕方がないのかもしれません。「夏の暑い夜は『よなよなエール』で！」なんてのは……誰でも書けるんです、こんなもの。

一方、評判がよかったビールのうんちくや、醸造設備のことは「僕が書きたいこと」で、同時に「僕にしか書けないこと」だったんです。だから、文章が上手かどうかはともかく、心を込めて書きました。

そこで僕は、本当に、僕らの身近なところで起きていることなどを書いてもみました。

例えば、女性社員に「カメちゃん」というニックネームをつけようとしたら本人の抵抗に遭って「ラムちゃん」になったこと。

例えば、中川さんという社員とスノーボードに行くときの車中で……、

（車内）タタッ、タタタタン～♪　タタッ、タタタタン～♪

井手：んっ？　うんっ？？　え～っこれってまさか？

中川：フフッ。
井手：お、お…大沢誉志幸の「そして僕は途方に暮れる」??
中川：そうです。八〇年代前半「歌謡曲ベストセレクション」です。

などという会話を交わし、車中で八〇年代歌謡曲ショーが始まってしまったこと。

また、メールマガジンに冗談が満載されているため、スタッフからメールの件名に【重要度 低】とつけたらどうかとアドバイスされたこと……。これはファンにもウケていましたが僕的にはちょっとへこみました(笑)。

さらには、どんぐりの植樹活動に「よなよなエール」の缶を持って行って木にくくりつけ、「よなよなの木!」などとやったのもウケました。


結局、ネット上で何をすると受け入れられるんでしょうか? それは——開き直って、自分らしく振る舞うこと。すると、一部の人の共感は得られます。

思えば、それこそが「心を込める」ってことなのかもしれません。

## 売れる製品には物語がある

販売が好調になると、いまやすっかり僕のパートナーになっていた楽天の林さんから、電話で「素晴らしいです！」という声が聞けた。誉（ほ）められるって、うれしいものです。そのあと、僕は本当に、楽天大学へ通った費用などすぐ取り返してしまいました。

実を言うと、僕は星野にもなんの相談もしていませんでした。

星野の耳に入ることになったのは、翌年の父の日でした。

当時「父の日のプレゼントにビール」という習慣はありませんでした。ずっと、売れ筋商品はネクタイやハンカチでした。でも高級なお酒も少しは売れていたようで、僕は林さんから「父の日の前にキャンペーンをやりましょうよ！」とお誘いを受けた。

「いいですよ、僕、林さんにすすめられることは、まず、やってみるんで」

「うれしいこと言ってくれますね～！　じゃあ、メッセージカードを入れましょうよ。注文してくださったお客様からお父様へのメッセージをいただいて、印刷して、ギフトに同封するんです」

「それ、もらったらうれしいでしょうね！」

「広告も打ちましょう。ちょっと予算をつけてもらえませんか？」

聞けば「父の日おすすめの三〇〇〇円ギフトコーナー」「五〇〇〇円ギフトコーナー」みたいなスペースに「よなよなエール」詰め合わせを載せてくれるらしいんです。

はて、どれくらいの効果があるんでしょう？　と言われれば、僕はもちろん林さんにとっても予想は不可能だったようですが、彼女が「ここは勝負ですよ」と言うから、僕はなんとか予算をとってきた。金額としては、二〇万〜三〇万円だった覚えがあります。


そして、父の日を迎えると——。

とんでもなく売れたんです。

それまで一年かけ、僕らは楽天で毎月数十万円の売り上げが出せるようになっていた。小規模ですね（笑）。でも、一年間で一〇〇〇万円に満たない程度の売り上げでも、僕らには貴重だったんです。

ところが、父の日ギフトでどれくらい売れたと思いますか？　なんと、一〇〇〇万円を超えてしまったんです！

社内でも、驚きです。

急に注文が入ったものだから、父の日の前はみんな忙しくて、不満が出るほどでした。

すると星野まで知るところになって、彼はこう言いました。

「おお、すごい、すごいじゃない！　井手さん、なんで売れたの？」

「なんで売れているんですかねぇ？　子どもがお父さんにあげてるんじゃないですか？」

浅い！　浅すぎて本当に恥ずかしく思います。誰でもわかりそうなことじゃないですか。

そのあと、僕らは勢い込んで「お中元やお歳暮でも『よなよなエール』を売ろう！」とキャンペーンを実施しました。でも、なぜか父の日ほどは売れず、僕らの考えは計画倒れに終わってしまいました。

理由は、自分で考えました。お中元やお歳暮って、よそ様に差し上げるものだから無難にまとめたくないですか？

でも、父の日は違うんです。自分のお父さんの好みは「ビールが好き」などとわかっている。でも、父の日にどこでも買えるビールを贈るって、ちょっと違いますよね。やっぱりサプライズがほしい。

そして僕らのビールは、そのニーズにもってこいの、ちょっとした冒険だったんです。せっかくプレゼントを渡してがっかりされたくないけど、誰でも飲んだことがあるものじゃ物足りない。そのはざまの絶妙な位置に僕らのビールはあった。

さらに、その当時はメッセージカードを入れるような柔軟な対応をしているお店が少なく、しかもビールは値段も手頃だった。

要するに、お客様が製品を手に取ってくれるまでには、物語があるんです。売れる製品ってすべてそうです。

いまはこういうことも考えられます。

でも、そのときはまだ、星野に聞かれても何も答えられませんでした。

## 驚異のビール三〇〇万円引き！

「それはちょうどいい」ではありませんが、僕らは落ちるところまで落ち、初めて、開き直ることができたのでしょう。

すると同時に、他力本願でなく、自分が納得いくことをやりたくなります。

そのうち、僕はどうやってお客様を喜ばせようか、四六時中考えるようになりました。いまも印象に残っているのは、ちょっとあとの話になりますが「夫婦幸せ五〇年セット」が大ウケしたことです。

実を言うと僕は、ウケそうな件名を思いつくと、書き留めておいて使うようになっていました。

ある日、メルマガが届きます。

そこには――「驚異の三〇〇万円引き！」とある。ちょっと目を疑う金額ですよね。しかも、発信者はビールメーカーです。思わず、読もうとクリックしてしまう。

僕がこの企画を考えたきっかけは、当時、夫婦で「よなよなエール」を楽しむお客様が増えていたからです。

僕は「夫婦だと人生で何本お飲みになるんだろう？」と計算してみました。一日一本飲むとして、休肝日も計算に入れると、一カ月で一ケース＝二四本くらいでしょうか。夫婦だから旦那さん一ケース、奥さん一ケース。これを五〇年続けると……。カチャカチャ電卓を叩くと、ざっと七五〇万円くらいになる。

そうか、生涯で七五〇万円か。

わかった。僕がなんとかしましょう。

その瞬間、僕が書き留めていた「目を惹く件名」と重なったのです。

考えたのは、「ビール業界の奇跡！　圧倒的なおトク感！　よなよなエールでなきゃ絶対できない驚異の三〇〇万円引き！」でした。

内容は、「四五〇万円お支払いいただければ、五〇年間ずっとビールをお届けします！　ただし夫婦一組限定！」というもの。しかも、「手を挙げていただいたお客様が沖縄の方であろうと北海道の方であろうと、クラシックな、酒屋らしい集金袋を持って、私がお金を受け取りに参上します！」と書いた。

正直言うと、僕も書きながら「なんじゃそりゃ！」と笑っているわけです。パソコンに向かって「ただし、お二人の生存が確認できなくなった段階で権利は没収されてしまって、お子様には引き継げません。だから最低三〇年、できれば五〇年くらいは生きてもらわなければなりません」などと書きながら、笑っているわけです。

これは大ウケでした。お客様がブログに書いてくださったり、口コミで広がったり、ネット上での反響がいろいろすごかった。

しかもお客様から、購入を前提に、ご質問のお電話もあった。

「てんちょさんですか？　お願いがあるんです！」

「はい、何でしょう？」

「いま、夫婦で幸せ五〇年企画ってやってるじゃないですか。あれ、締め切り、もう一週間延ばしてほしいんだけど、できますか？」

うわわわ、この方は本気だよ、と当惑しつつ、でもうれしかった。こんなに「よなよなエール」が好きでいてくれるなんて！

「一週間ですか、いいですよ。どうされたんですか？」

「あと一週間あったら……なんとか妻を説得できそうなんです」

「本当、ですか？」

「ええ、ただ一人の当選者になりたいんです。まだ決まった人はいないんですよね？」

「はい」

「わかりました。では、妻を説得します！」

というわけで一週間延期したのですが、ここでは奥様が賢明な措置をとられた。

こんな経緯を再びメルマガで書いたら「買わないのが賢明な措置なのかよ！」などと突

っ込まれ、再び大ウケ。

結局、申し込みはなかったけど、売れなくても大成功だったんです。

だってこの企画、楽天が追求する「ショッピング・イズ・エンターテインメント」を地でいっていませんか？　「買ってください」「おすすめです」なんて一言も書いていないのに、口コミで話題になっている。なるほど、僕は怖々やってみたけれど、これでよかったんだ、と思いました。

## ヒット商品から学んだ三つの法則

よく「おいしいですよ」といった言葉で製品を売ろうとするじゃないですか。でも、人は興味がある情報にしか心を開かない。人の心って、鍵がかかっていて、外側からは開かないんです。心の扉を開ける鍵穴は、内側にしかない。

だから、まじめなことをやるより、おもしろいことをやって、まずは「コイツらおもしろい」と感じていただく必要があったんです。興味を持ってくれれば、営業に行かなくても、人はモノを買ってくれます。

みんな「情報」に疲れていたんでしょう。世の中には「夏だ！　ビールだ！」みたいな、ありきたりな情報があふれています。そんな内容のメルマガは、むしろ「消さなきゃいけないから迷惑」になる。情報過多の時代がやってきて、無難なコミュニケーションには、意味がなくなってしまったんです。

僕はこれを、他社さんの事例から学びました。

僕はこの頃から、ほかの人が何をやっているのか、事例の研究を始めていました。僕が注目したのは楽天の繁盛店でした。なぜ繁盛しているかを調べていくと、多くの方が、店に訪問してもらうための導線を持っていた。特に僕らの会社は当時、新製品が出せなかったので、定期的に訪ねてもらう仕組みが必要だとわかった。

さらに詳しく勉強したのは「男前豆腐店」の事例でした。そう「男前豆腐」「風に吹かれて豆腐屋ジョニー」などの豆腐を販売している京都の会社です。ここから学んだのは、次の三つがある製品やプロモーションは話題になる！　ということでした。

**・業界初**

・インパクト
・ユーモア

男前豆腐店の社長は、当時、経営者なのに「お金ないから」とアパート住まいをしていて、軽トラックに乗っていました。でも、会社の正門には立派な「ジョニー像」が立っている。これがテレビで特集され「さて、ジョニー像はいくらでしょう」と出題されていました。聞けば、うん百万円かけて建てたそうです。「これはすごい！」と思いました。

お金がないのにジョニー像を建ててしまうのもすごいけど、この番組に出た時間を広告換算すれば、数千万円、いや、数億円の価値があるかもしれません。

純粋すぎて、だからちょっとやりすぎで、その結果、インパクトとユーモアがある、業界初のネタができてしまった。これが消費者はもちろん、テレビ局の人も惹きつけてしまった。僕は思わず「素晴らしい！」と思いました。

業界の状況も似ていました。市場が縮小していて、味がどれも似てしまっている。お豆腐の業界は、ビール業界と似ているのかもな、とも思いました。

あと「ホッピー」も研究しました。東京近郊で売られている、焼酎の割り材です。ここ

は、女性の社長が「ホッピーミーナ」と名乗ってマスコミに登場し、古臭い、おやじの飲み物というイメージだった「ホッピー」を、健康志向の女子向けの製品に変えていた。ラジオ番組に出たり、運送にド派手な広告を施した「ホピトラ」を使ったりしていました。

僕は男前豆腐に関してもホッピーに関しても、消費者が何に心を動かされのか、なぜみんなが口コミで広めたがるのか、どんな言葉で広まっているのかなどをネットで調べまくって、自分なりに「こうすれば、僕らのことや製品を深く心にとどめてもらえる、あわよくば、ファンになって口にしてもらえるかもしれない」と思ってやったんです。

## 「よなよなエール」、ありがとう！

もしかしたら、「意外と戦略的にネタをつくってたんだな」と思ったかもしれません。

そんなことありません！

聞いてください。振り返ればこの頃、僕のなかで、「よなよなエール」に対する自分の思いが明らかに変わっていったんです。

僕は営業のリーダーを辞め、一人で、ネット通販にのめり込んでいきました。実はこの時期、会社はついに「背水の陣」と呼ぶべき状況に至っていたんです。相変わらず、暗闇（くらやみ）からの出口は見えない。でもネット通販だけは伸びている。ここに、会社の命運がかかっている。成功しなければ、会社は潰（つぶ）れる。

会社がなくなってしまったら、よなよなエールのファンを悲しませてしまう……。

僕はそんなことを自分に言い聞かせ、自分を追い込んでいました。

同時に、僕は確信を持ち始めた。自分を強く信じれば、道は切り開ける！　これと同じくらい、僕は……、

「よなよなエール」というビールを、強く、信じたんです。

このビールを一生懸命つくり続けていれば、いつか、日本になかったこの個性的な味を理解し、愛してくれる人が、少しずつ増えるはずだ。

この味を楽しみ、喜んでくださるはずだ。

いや、絶対そうなるに決まっている、だって、だって……「よなよなエール」を、僕、本当にうまいと思うから……。

そんな、泣きそうな気持ちが、大きく膨れ上がっていたんです。

僕はこのあと、クレイジー（変わり者）になっていきます。

「よなよなエール」はいままで、日本になかったビールだ。どんなことをやってでも、僕は、これを広める、そして「どんなことをしても」という強い思い、純粋でクレイジーな思いは、きっといつか、社員を、お客様を巻き込みもするだろう。

だって、ビールは人を幸せにする、大きな可能性を持っているじゃないか。

なかでも「よなよなエール」は、香りを楽しみながら、ゆっくり味わうことで、飲む人に特別な、癒やしの時間をプレゼントできるはずだ！

同時に、僕はこのビールに、人生で大切なことを、いろいろ教えてもらってもいた。使命感を持って働くことの素晴らしさ。考えに考えた戦略が当たったときの喜び。誰かに誉めてもらえたときの、ちょっとくすぐったいうれしさ。

僕にとって、もう「よなよなエール」はただのビールではなくなっていたんです。仲間、親友、いやもう一人の自分そのもの。そんな、命が宿った大切な大切な存在になっていたんです。

苦しみや悲しみ、怒りや喜びを共にし、会社が大変だったときを共に歩んできた。時に、野ざらしになった「よなよなエール」を排水溝に捨て、時には、寒い夜、スキー場で凍えながら売り、お情けで買ってもらった。ビアパブでは、ズバリ「うまい！」と言われ、うれしかったっけ。

僕は、一人で喜び、凍えていたわけじゃない。いつも、「よなよなエール」と一緒に悔しがり、悲しみ、そして喜んでいた。「よなよなエール」は僕の戦友、いや、僕の人生そのものになっていた。

そして、僕はこう思うようになっていたんです。

心の最も奥深く、ちょっとやそっとでは手が届かない場所に、こんな思いがあったから、僕はなんでもできたんです。その思いとは――、

「よなよなエール」、ありがとう！

という感謝の念。つくって売ることが、すなわち僕がここに生きて、ここに在ることと同じで、僕はそんな存在に、ただひたすら、感謝していたんです。

## クレームも感動に変えられる

そんなわけで、僕はメルマガの発行を楽しんでいました。僕は自分が「おもしろい！」と思うことを、クレイジーなまでに必死にやっていたんです。

でも実は幾度か、暴走して批判票をいただくこともありました。

いまも覚えているのは、メルマガのタイトルにシャレを入れたときのことです。「能ある鷹は爪を隠す」って言うじゃないですか。これをもじって「能ある豚は爪を隠さない」というタイトルで「僕はデキる！」といった内容を書いたんです。

しかも、いま読み直すと大したことでもないことを「自分はこんなこともできてすごいんだ！　すごいことをできる人間なんで、それを隠さずみなさんにお知らせしますよ」などと、本当にもう誰が見ても「この若造、何を自慢してるんだ！」とカチンとくる内容です。もちろん冗談半分で書いたのですが、誰が見ても誤解するのは当然でした。

さっそく、あるお客様から「調子に乗るな」「もうメルマガ絶対送ってくるな」とお叱りがありました。読み返せば、僕も「ああ、やってしまった……」とわかります。

そういったお叱りに対して僕は、批判的な読者の方たち全員にご納得いただくまで、メールで返信しました。

仮にお客様が数行で、いや、一言だけ「ふざけんな」と書いたメールをくださったとします。そうしたら僕は「すみません、まったくそういうつもりではなく……」と何十行ものメールを書いて事情を説明するんです。

正直に書くんです。仮にタッチが気に入らないというお客様がいらっしゃったら、僕の困り果てた状況を訴えました。

「まじめなメルマガを書いたことがあります。でも反応もないし、解除率も高くなるし、ビールも売れないんです。ところが、ほかの有名店の店長さんのメルマガを見たら、製品の売り込みがまったくなくて、店長さんの、ある種くだらないこだわりなどが書いてあったんです。そこで僕は、藁をもつかむ思いで、これがお客様から求められるタッチなのかなと思って……」

そして「本当にすみません。長々お返事するのもご迷惑かと思いましたが、どうしても信条だけはお伝えしたかったのです」と、自分の気持ちを書き連ねます。

すると「おまえも大変だな」「わかった、誤解していたぞ、応援する」といったお返事

をいただけます。実は、一生懸命に謝って、このようにご理解いただけなかったお客様は、お一人もいらっしゃいませんでした。

どれもこれも、やってみて、お客様にご迷惑をおかけし、自分も情けない思いをして、初めてわかったことでしたが……。

そんなこんなで必死で対応すると、自然と人間同士のつながりが生まれてきます。

例えば、三重県のお客様に、ご注文いただいた製品とは違う銘柄の製品をお届けしてしまったことがありました。

女性から「あのー」とお電話があって、私が応対したんです。そして、事の次第がわかるとすぐにお詫びをして、至急、ご注文いただいた製品をお届けする旨をお伝えすると、お客様は寛大（かんだい）に許してくださった。そして……。

「主人に代わってもよいでしょうか？」

とおっしゃるんです。

「もちろんです」

とお話しすると、旦那様が電話に出られた。そして話を聞くと、どうもこの方、僕らのビールのファンらしいんです。

「いつもメルマガ見てますよ。え？　あなたが井手てんちょなんですか？」

もちろん僕です。

「わー、あれ、いつもおもしろくてつい見ちゃうんですよね〜！」

ありがとうございます！　というわけでしばしお話をしたあと、旦那様に「醸造所の見学はできるんですか？」と聞かれました。僕はうれしくて、もちろん「ぜひいらっしゃってくださいっ！」と言いました。「長野へお立ち寄りの際には歓待しますよ」くらいのつもりです。

ところがお客様から、翌週、連絡がありました。なんと、三重県から醸造所見学のためだけにいらっしゃるというのです。

えっ？　わざわざ交通費を使って僕らの施設に？

僕はすぐに宿泊施設を手配し、僕らのビールが飲めるレストランをご紹介し、さらには醸造の責任者に、特別に詳しく、醸造所をご案内するよう手配しました。

そして、お客様がいらっしゃって……。

「こんにちはー！　井手ですー！」

とご挨拶をしたあたりでもう、私たちは、昔から名前はよく知っていた遠い親戚をお迎えするような気持ちでした。そこから、製造の社員が醸造設備をお見せして、別の社員がレストランをご案内し、最後に、私がお見送りをしました。

季節は、ちょうど春でした。そして佐久平の駅で、お客様が「三重で終わった桜がまた見れた〜！」とおっしゃったこと、そして固い握手を交わしたことは、いまでも忘れられません。

そしてこのあと、感動する出来事がありました。わざわざ三重から来ていただき本当に満足してくれたのかな……と心配していると、翌日メールが二通届きました。

一通は旦那様から。「本当に楽しかったです。見学だけを目的に来て本当によかった。今度は家族で来ます。娘が大きくなったら一緒に『よなよなエール』を飲みたいです」と、とても喜んでくれていました。

もう一通は奥様から。「帰ってくるなり主人が興奮して見学のことを話してくれました。その姿を見て私も感激しています。本当にありがとうございました」

このメールを見て、僕も感動してしまいました。

いえ、もちろん反省してます。でも、その反省が心からのものに至った場合、失敗が元でよいご縁が生まれることもあるんだと思います。

ほかのクレームも真摯に受け止め対応しました。例えば、缶がへこんでいたと言われたら、代替品を送るだけでなく、新製品と手書きの手紙を同封しました。なぜって、代替品を送っただけなら、お客様にしてみれば、手間がかかっただけじゃないですか。

こんなこともありました。

女性のお客様で「あなたのプライベートの話は聞きたくない」「ふざけた文章が気に入らない」と何度も厳しいお叱りのご返信をくださった方がいました。僕はそのたびに、真剣にお詫びをしました。僕らのビールが好きで、飲んでくださっているのです。どうか、真意をご理解いただこうとしました。しかし彼女は、確固とした思いがあるのか、やはりメルマガを出すと、厳しいお叱りが来ます。

ところが、何度かやりとりするうち、僕は彼女から、お詫びのメールをいただくことになってしまった。

どうも、彼女は「よなよなエール」好きの友人が集まった飲み会の席で、僕のメルマガ

の話をしたらしい。すると友人から、「俺も最近のメルマガは嫌いだったんだ。でも、そんな井手さんの思いがあったんだな。メルマガは嫌いだけど、この人も頑張っているんだからわかってあげなよ。それがファンっていうものだろ」といった話をされたらしい。

僕は、ずっと、この話を覚えていましたし、彼女のお名前も忘れませんでした。だって、「よなよなエール」をずっと好きでいてくださるなんて、うれしいじゃありませんか。

そして、数年後のことです。このファンの方がメルマガに返信するかたちでメールをくれました。今度、軽井沢にある星野リゾートの施設に宿泊すると。そこで「よなよなエール」を飲むのを楽しみにしていると。

僕は、すぐに動きました。わざわざ星野リゾートの制服を着て、彼女が食事に来るのを待っていたんです。そして、彼女が席に着くと、僕がすっと近寄ってメッセージカードをそっとテーブルに置きました。

「いつもありがとうございます。『よなよなエール』を楽しんでくださいね。井手」

すると彼女は「えーっ！　てんちょ！」とすごく驚くじゃないですか。僕はもう、満面の笑みです。そして、ビールをグラスに注ぎ、あの頃、いただいた反応がどれだけ僕らのためになったかをお話ししました。

するとお客様は、感動してくださったものか、目に少し、涙をためていらっしゃった。そして僕も、この姿を見て「ああ、こんな方だったのか」とウルウルきてしまった……。

二〇〇五年、二〇〇六年と、僕らの会社は売り上げが対前年比一三〇パーセントを超える伸びを記録していました。そのときの思い出は、このようなお客様との真剣勝負のやり取りばかりです。

これらの体験は、僕がいま「よなよなエール愛の伝道師（でんどうし）」を名乗るバックボーンになっています。そして、僕とお客様との熱い交わりは、僕を、次の世界に連れて行ってくれました。

# 第7章

# リーダーの不満は自分を映した鏡

## 失敗を恐れていたら何も学べない

二〇〇六年、ヤッホーブルーイングに驚天動地の事態が起きました。きっかけは僕と星野が、激論を交わしたことでした。

事の発端は「コンビニエンスストアに出荷するかどうか」。

コンビニに製品を出荷する場合「スポット」と「定番」の二種類があります。「スポット」は、一回出荷して、お店が売り切ればおしまいです。主にコンビニが「この製品売れるの？」と試したいときにとられる方法です。一方の「定番」はずっと棚に置きますよという意味。もちろん、何カ月後かに売れなくなってきたら、置いてもらえなくなってしまいますが、スポットに比べれば長い目で見てもらえることは確かでしょう。

そしてこのとき、僕はあるコンビニ・チェーンからスポットでの出荷を打診されていました。僕は「出荷すべきだ」と思った。なぜなら、ようやくネットでの売り上げが認められ、リアルの小売店から声がかかったんです。そろそろ攻めに出てもいい。

余談ですが、出荷を打診された二〇〇六年頃、僕らはクラフトビールの業界で唯一、売り上げを急速に伸ばしていました。地ビールブームのときに次々生まれたブランドの多く

は消え去って、本当にこだわりがあるメーカーだけが生き残っていた。地ビールブームは過去のものになりつつあったのです。

ここでコンビニに扱ってもらえば、一度ついた「地ビール」のイメージを払拭して、「よなよなエール」がクラフトビールとして評価される大きなチャンスです。

ただし、コンビニへの出荷というと、やはり僕らメーカーにとっては一大事です。そこで、僕は星野とテレビ会議の場を持つことにしました。

二〇〇六年当時、星野リゾートは伸び続けていて、すでに東京にも事務所を構えていました。一階に牛丼屋さんが入った雑居ビルで、ワンフロアを借り切ってはいたものの、会議室は一つだけでした。この会議室に星野が来て、僕はヤッホーブルーイングの会議室にいて、お互いが数人のスタッフに囲まれた状態で、テレビ電話がつながりました。

僕はもちろん、出荷の許可をもらうつもりでした。でも、星野はなんと……、

「私はやめておいたほうがいいと思う」などと言う。聞けば、こういう話だった。

「スポットで棚に置いてもらっても、ブランドの価値を損なうリスクが大きいだけですよ。スポットだ、定番だなんて、消費者からは見えやしない。世間に、ああ、結局売れずに置

かれなくなったんだなと思われるだけ。こういう展開が、最もブランドイメージを損なう原因になる。そもそもコンビニだって、売れないときはメーカーと一緒にブランドを盛り上げていこうという心構えが必要だ――」

僕は星野が放ってきた球を、真芯（ましん）でとらえて打ち返した。

「社長、そんなことないですよ」

小売店が、特定のメーカーに肩入れする義理はありません。でも、僕らにしても悪いことじゃないんです。もし製品が一回の出荷で棚落ち（棚に置いてもらえなくなること）しても、いまなら、製品のことを知って、おいしいと思ったお客様は、ネット通販でリピートしてくれるはず。すなわち、新しいファンの獲得につながるチャンスなんです。

ひょっとしたら星野は、コンビニ向けに大量の在庫を抱え、全部捨てたときのことが頭に残っているのかもしれません。あくまで「他社さんの論理に巻き込まれてはいけない」などと譲らない。しかも、こう言った。

「私たちだって『定番を約束していただけないなら譲れません』くらい言っていいと思うんですよ」

「そんな無茶な」

さあ、もう止まりません。

「そんなことでダメダメ言うから、会社はいつまでも成長できないんですよ」

「なんだって！　井手さん！」

やってみなきゃわからない、という理屈は、僕にとっては正しいことに思えました。もちろん僕は数多くの失敗をしました。でも、よくないことが起きれば必死でリカバリーすればいい。逆に言えば、失敗を恐れていたら何もできないし、何も学べない。

当時、営業の責任者として業績を伸ばしていた僕には、そんなことを真顔で言えるだけの自信があったんでしょう。たしかに経営者としては、星野のほうがはるかに素晴らしい。でも、僕には「現場のことは僕のほうがわかっている」という強い思いもあった。

「小売店さんが製品を育ててくれるだなんて、それは社長の独りよがりですよ」

「そんなことないっ！」

星野の声は、もう裏返っています。

「苦しい冬眠の時期を乗り越えて、いまやっとネットの力で盛り上がっているのに……」

僕が昔のことを蒸し返し始めれば、星野も負けていません。

「何を言っているんだ！　井手さんはわかってないんだっ」

さあ、まるで子供のケンカのようになってきました。周囲はオロオロしていて、星野のアシスタントは冷静な声で「あと五分です」と突っ込んで会議をまとめようとする。でも僕らはお互いカンカンに熱くなっている。

「もういいですよ。僕、やりますから」

「ちょっと待ちなさい！　井手さん、私は認めないよ！」

「認められなくても、やるものはやりますから」

アシスタントが「時間です」と言うと、星野は「まだこの会議は終わってない！」と宣言しました。でも、時間は時間だから、彼はアシスタントに引きずられるようにして会議室から連れ去られていった。帰り際、かなりの大声でこう言った。

「井手さん!!　僕は納得してないよっ！」


さあ、大変です。星野と僕がやり合う声は、まだ狭かった事務所のなかには十分響き渡ったようで、星野リゾート側のスタッフは「誰が社長を怒らせてるの？」と言い合い、僕とわかると「井手さん？　えー！　クビになっちゃうんじゃない？」と心配してくれてい

たようです。実際にヤッホー側のスタッフからも、同じことを言われました。

でも僕は、社長のわからず屋！　くそー、あー腹が立つー、という感情はあれど、クビになるとは思ってはいませんでした。

## 言うことを聞かないから社長にしよう

そして、その夜……。星野からメールが来ていた。

実を言うと、僕は夜になってもまだ怒っていて、「社長の言うことなんか聞かない。絶対に出荷する」と思っていたから、メールの差出人を見た段階で「何があっても言うこと聞かないからね」などと、思いっきり腹を決めてから開いた覚えがあります。

メールを見て、僕は驚いた。

「いやー、井手さん、今日は楽しかったね！」

はあーーーー？　僕は現実にも、マンガの世界みたいなことがあると知った。

読めば、「久しぶりに熱い議論を交わしたよね。振り返れば宮井さんと議論したとき以来かもしれない」と書いてある。そしてメールは「さて、ああは言ったけど、井手さんが言ったことは一理あるね」と続いていた。

僕はこのとき、この人すごいな、と思った。頭がいいだけじゃない。なんでここで切り替えられるんだよ。バーッと怒って、バーッと切り替えて……。よっぽど議論が好きなんだろうな。しかも、議論で自分に本気で反論してくる人が珍しいんだろうか？

実際、この手の議論になると、だいたい星野が正しい。だから、この人、本当はこんな風に、かかってくる人がいるとテンションが上がっちゃうんじゃないだろうか。

そして、メールは「もう一度検討してみよう」と結ばれていて、数日後、アシスタントから僕に電話があった。

その日、僕は休みで、渓流釣りに行った帰り、車で北軽井沢を走っているあたりでした。電話に出ると、どうも星野は、いつものテレビ電話ではなく、話の内容が外に漏れないような会議室をわざわざ指定してきた。僕はこのとき、何かもっと大切な話でもあるのかな？とピンときました。

話してみると、コンビニの話はあまり時間がかからずにGOサインが出て終わり、星野が「最近ほら、実質、私、ヤッホーに行けてないじゃない」と言い出した。そして「井手

さんがやっている仕事と役職が合ってないよね」という話がありました。

これは本当にそうで、この頃になると、僕は営業の責任者の枠を超えて、星野の代わりに対外的な交渉なども行うことが多かったんです。他社の方たちにも「実質的な運営は、井手さんたちがやっているんだな」という印象もあったと思います。

しかも、僕はここまでに勉強の甲斐あって経営の数字がだいたい読めるようになっていて、「利益率が低すぎる。圧迫している要因は何か」などと数字を元にした管理も始めていました。星野も安心しているのか、もうずっと、長い間、会社の運営を僕を含めたスタッフに任せきりでいます。

そして星野と僕はこんな会話を交したのでした。

「いっそ井手さんが社長になったほうが自然だと思うんですが」

「そうかもしれないですね」

なんとも平板な会話です。なぜって、いまさら社長という肩書きをもらったところで、あまりやることは変わりません。

「たしかに、僕が会社を見たほうがいいかもしれません」

「そうだよね」

そうか、この人は、僕がくってかかったから、こんな話をしようと思ったのかな。冷静に考えれば、物別れの議論をきっかけに社長にするなんて、どこかおかしい気もする。でも、この人の組織観は、そうできているんだろう。

そんな不思議な感じで、僕は社長就任をなんとなく打診されたのでした。そして、僕自身が心構えを決める準備期間を二年ほどいただき、二〇〇八年六月、カリスマ社長に代わり、社内も驚く凡人社長が誕生したのでした。

## センター返し！ 避ける二遊間！

社長になって何が変わったかと言えば、それは「見える景色」でした。

それまでは僕を含め、みんなが自分の仕事を黙々とやっていました。製造はビールをつくり、営業はできたビールを、時に小売店へ、時にはお客様へ直接販売していくわけです。もう、仲が悪いわけでもありません。

でも、社長になると物足りなかった。みんな、頑張ってはいたんだけど「みんなとみんなの間」みたいなところに、物足りなさがあったんです。

「自分ができる範囲の仕事はやるけど、ほかの仕事はなるべくやりたくない」

そんな雰囲気がありました。

例えば、お客様からクレームが入ったとします。電話窓口の人は、パートさんの場合が多い。だから「お客様からこんな内容のクレームがあります。営業の方、対応願います」とメールがきます。ところが、誰も対応しない。同じく電話で「問屋さんからこんな要望がきています」と連絡があっても、やっぱり誰もやらない。

明確に担当が決まっていればやるんです。でも、誰がやるかがあいまいな担当外の業務は、誰も拾わない。

昔はファンの数も限られていたので、お客様が「ビール、売ってますか？」とか「醸造所を見学したいんですが」と来社された場合、なんとなく決まったスタッフが対応していました。しかし、だんだんとファンの数も増えてきて一人では対応できなくなると、担当者はほかの人に手伝ってもらうべく「対応お願いしま〜す」と声をかけます。でも、みんなシーンと下を向いたままで、結局、僕が行くことになる。

僕はのちに、この状況を「センターゴロ」と名付けました。

バッターがカキーンとセンター返しする。まずはピッチャーがよける、セカンドもショートも反応しない、むしろ避けるという珍プレーです。野球だったら絶対あり得ない。でも、僕らの職場で実際に起こっていたんです。

もちろん、一人でできる作業であれば、どんどん進んでいくんです。でも、みんなでやる作業になると、とたんに力が出せなくなる。当時のヤッホーのように、社員数二〇人くらいの会社であれば、それもいいでしょう。でも、もっと大きい会社を目指していく場合、仕事のほとんどは「チーム」で実施することになります。

でも、僕らの企業文化に「チーム」の文字はほとんどなかったんです。

僕が痛感したのは新製品の「よなよなリアルエール」を出したときでした。

僕は「新しい売り方に挑戦しよう！」と考えてプロジェクトチームをつくり、「あなた、お願い」と四～五人指名したんです。

ところが、興味がない、忙しい、賛成していない、さまざまな理由で、なかにはまったく動かない人がいて、全然進まない。会議で宿題をやってこない。それどころか、やりたくないから「こんなことしても意味ないんじゃないの？」といった発言をして、計画の邪魔をしようとするんです。

これでは困る。実を言うと僕は、社長に就任するまでに、高い目標を定めていたんです。二〇二〇年までに、僕はビール市場のシェアの一パーセントを取りたいと決めていました。僕はベンチャービジネスのマインドに変わろうとしていたんでしょう。

## 将来の目標が違えばチームになれない

少し遠回りさせてください。ある経営の本に、「一〇年後にこうなっていたらいいな、と思う姿を考えましょう」とありました。そして、それを思いつくままに書き出します。ワクワクするような夢もたくさん出てきます。

すると次に「ところでこれは、夢ですか？　無理な話ですか？」と書いてあります。確かにどれも夢みたいな目標ばかりですが、でも一〇年あれば……なんとかできるかもしれない、と思えてきました。

僕はこの本を読んでから、「経営とは引き算で行うもの」と意識するようになりました。

通常、将来のことは足し算で積み重ねていくように決めていきます。「いまこうで、一年でこんなことができるから、何年後にはこうなって……」という具合。数式のなかで、決まっている数字が「いま」なんです。

でも引き算の経営の場合、決まっている数字は「将来」です。「将来こうなるから、そのためには、いまこんな手を、一年後にこんな手を打って……」と考え、いまから為すべきことを決めていく。

そして、僕は次第に、将来に向けての目標を明確に持ち始めたんです。


ネット通販で伸び始めた時期、三〇パーセント程度の成長を記録したことがあり、その瞬間、どれほど忙しくなるかなどを体感しています。そして、十数年後の二〇二〇年に日本のビール市場のシェア一パーセントを取るために、どれぐらい成長する必要があるかと計算すると、毎年四〇パーセント程度。僕は「三〇パーセントは体感しているから四〇パーセントもいけるはずだ！」と考えました。

シェア一パーセントと言うと、ちょうど「オリオンビール」くらいです。「オリオンビール」と言えば、だいたいの方がご存じですよね。一〇年後には、日本のほとんどの方が「よなよなエール」を知っている未来が待っている。これ、ワクワクしませんか？

実を言うと、僕はこの夢を、星野や、弟の究道さんにプレゼンしたことがありました。

はっきり言えば、まったく相手にもされませんでした。

でも、僕は本気でした。いまの勢いならできる！　と思っていたからです。僕は彼らのアドバイスのなかで「いきなり計画倒れになるといけないから、最初の伸びは、もっとなだらかにしておけば？」という部分だけ参考にして、これは絶対に実現する！　いや、実現できるはずだ！　と自分を信じ始めていたんです。でも……。

僕はあえて、会社で、周囲の仲間に将来の夢を聞いてみました。すると、みんな、意外と小さなことを言うんです。「毎年黒字であれば」とか、ほかにも「製造能力いっぱいに醸造してみたい」とか。

これでは困ります。

そこで、二〇〇七年、社長に就任する前の年、僕は思い切って、自分の夢をみんなに伝えてみることにしました。将来の目標に向け、どんな上昇カーブを描いていくのか、僕らがどんな使命を持って仕事すべきなのか。さらには、それがきっと可能であることをみんなに伝えてみたんです。

反応は、ほぼ、なし。

人によっては「そういうことも可能なんですね」と聞き流すし、むしろ「えー？」と疑問を口にする人もいます。例えば、隣町にオラホビールという、僕ら同様にクラフトビールをつくっているブランドがあります。このビールは主に地元を中心に販売しています。仲間のなかには「私はオラホビールが理想です」という人もいた。

これでは同じチームになれません。仮に野球チームでも「この大会で優勝を目指す！」と言って真剣に練習する人と、「みんなが楽しく運動できればいいじゃん」とあまり練習せず、勝敗にもこだわらない人がいたら、いつかチームは崩壊してしまうでしょう。

将来の目標が違えば、局面局面で打つ手が違う。それを僕らは、各自の肌感覚に任せていたんです。だから、僕らはチームとして機能していなかったんです。

## 僕もかつては傍観者だった

僕には苦い思い出があります。

あれは、会社が絶不調だった時期だから、二〇〇一年くらいでしょうか。僕は営業担当として、星野兄弟や星野の奥さんの朝子さんも出席する会議で、売上目標や計画を発表し

たんです。

そのとき、小売店へのヒアリングや、データを元に「市場の傾向はこうで、だから売り上げは前年比八〇～九〇パーセント」と話しました。そうしたら星野が「すごく説得力がある説明だ。その予想もわかる。納得できた」と言ってくれた。僕は「理解してくれたんだな」と思った。しかし、彼が言いたいことは違っていた。

「でも、この発表は客観的に見すぎている。傍観者だ。井手さんは、評論家みたいだ」

星野は無表情でした。でも星野が「本当に売り上げを伸ばすつもりなら、もっと前のめりにやっていかないといけないいんじゃないか」と続けるのを聞いて、僕は、彼を落胆させてしまったことを知った。

ふと朝子さんを見ると、彼女もあきれたような表情だった。なのに、僕はまだ「でも、正しい分析をしたんだし」と思っていた。

しかし、いまは彼の言葉や表情の意味がよくわかる。いかなる現状分析も、追認するためでなく、よりよくするためにある。星野は、僕に現状認識から一歩、踏み出すことを求めていて、「あなたならエールビールをどう売る？」と問いかけていたんです。

彼は、その問いかけにうまく答えられる人間に育ってほしいと思っていたのだと思います。でも僕は、そんな彼の思いにまったく答えられない「傍観者」だったのでしょう。

傍観者――。

報いとは不思議なもので、数年後、立場はきれいに逆転したんです。僕がネットを始めると、まさに星野が僕に感じたことを、僕が周囲に感じるようになりました。ネットで売り上げが伸びている間、みんなそれぞれ、自分の仕事はちゃんとやっていたんです。仲も悪いわけじゃなかった。でも、センターゴロじゃないけどみんな「井手さんがネットでやっていることは、私には関係ない」と、傍観していたんです。

チームになれている会社なら、ネット通販で売り上げが伸びたとき、みんなが「メルマガってどんなことを書くと売れるの？」と興味を持ってくれるはずです。「なら、僕の部署にはこんなネタがあるよ」と教えてくれるかもしれません。「父の日以外にもこんなイベントを実施したらハマるんじゃない？」なんてアイデアを出してくれるかもしれません。でも現実は傍観者が多くて、むしろ僕が「父の日の前は忙しくなっちゃいます。ごめんなさい！」と言うような状態だったんです。

これじゃいけない。どうすればいいのか。

楽天には「トップセミナー」という研修があって、社長になったとき、どう考え、振る舞うかを学べます。そこで僕はまた、楽天本社を訪れることにしたんです。

セミナーには、大西芳明さんという有名な人材開発のスペシャリストがいて、彼の言葉は、僕の心に強く響きました。教室には、先生と受講者である経営者が一〇人ぐらいしかいません。かなり濃密なセミナーなんです。そして大西さんが「あなたのいまの不満を言ってください」というお題を出しました。みんな、口々に不満を言います。

「社員がまとまらない」

「自ら行動してくれない」

「ナンバーツーが育たない」……。

僕は何て言ったか覚えていないのですが、大西さんの言葉が忘れられません。

「わかりました、いっぱい出ますね。でもこれ、みなさんの鏡なんです。いま言ったことは、みなさんができていないことを映す鏡だったんですよ。

あなたは社長なんです。社長がやると決めたらやれないことはないんです。

いま『こうなってくれない』と言っているのは、あなたが心のどこかであきらめていて『しょうがねえな、自分じゃなくて部下が悪いんだから、ここらで満足するか』と妥協している姿なんですよ」

が――――ん。僕は頭を思いっきり殴られたような衝撃を受けました。

大西さんが真顔で話を続けます。

「だから、いまの不満を社員に言ってはいけません。だって、あなたのことなんです。あなたがそれでよしとしているわけです。社員に非はありません。あなたはあなたを映した鏡に不満を言っていたんです」

僕は悟った。要するに、まずは僕が、変わらなきゃいけなかったんです。

そして……僕は、この瞬間から徹底的に具体的な方策を実施することにしました。

あとで振り返ると、僕は、会社経営の最も難しい部分――人の心を動かす部分に手を突っ込もうとしていた。

しかもこれが、ネット通販と同じくらい大きな飛躍の原点になったんです。

# 第8章

# 早ければ早いほど、最高のチームができる

## 一人の力じゃ目標を達成できない

僕は引き続き、経営に関する勉強を重ねていました。

別に無理をして努力をしているわけじゃないんです。でも、リーダーという立場になるにあたっての責任感がありました。

人間は、それぞれ、やりたいことを思い描いている。でも、組織になると、ばらばらな方向を向いてしまう。人の考えを、矢印にするとわかりやすい。ある人は上に行きたいと思っている。でも、本当は右に行きたいという人と組んでしまうと、二人はあらぬ方向に動き出してしまう。上に行きたい人と、下に行きたい人が一緒になると、矢印は反発し合い、お互いを打ち消し、何も成果は出ない。

また、組織は人が得意なものを活かすことでより大きな力を発揮します。

仮に人前に出て楽しく話すことが得意だけど、じっくり考え込む仕事は苦手な人がいたとします。でも、よい組織ならカバーできる。人前に出る仕事はその人に任せ、じっくり考える仕事は別の人が担当すればいいいんです。

僕は、みんなが同じ方向を向くチームをつくりたかった。でも、僕の独力では望むチー

ムがつくれなかった。もう外部の研修の門をたたかないとだめだと思った。

そんなとき僕は、当時の状況にぴったりなプログラムと出会いました。

それは楽天主催のセミナーで、名を「チームビルディングプログラム」と言います。

内容は、うまく言えないけど、とても簡単で、しかし高度なんです。まず、全国から見知らぬ他人が集まって、チームとは何か、という座学を受講します。そのあとで実際にチームをつくって、アクティビティ（共同作業）に挑戦する。

例えば、チーム一〇人くらいが輪になって、全員が人差し指でフラフープを支えます。これを、全員が手に触れている状態で徐々に地面に下げていき、下ろします。途中で指が離れた場合は、最初からやり直し。ほかにも、ロープがクモの巣のように張ってあって、全員がロープに触らないように、こっちからあっちへくぐり抜けるアクティビティもありました。初めての人は、まず確実に戸惑います。

最初は知らない人ばかりなので遠慮します。しかし息が合わないとできないから、そのうちみんなイライラしてきて、雰囲気が悪くなる。

実を言うと、全員が力を合わせれば、どのアクティビティもなんとか達成できるんです。

でも、全員が力を合わせなければ、物事はちっとも前に進まない。

これは、はっきり言って、どこかで見た光景だった。

そう、僕らの会社です。

講師の人は慣れたもので、そんな僕らに、ときどきアドバイスしてくれます。すると、僕らは次第に、ある事実に気づいてくるんです。


「お互いの個性が、お互いの個性を補って、最高のチームができてくる」


僕らは約三カ月間、全五回ほどの研修で、チームをつくっていくことの素晴らしさを座学で学び、実践で体感していきました。すると、最後のほうはもう「一糸乱れず（いっしみだれず）」というくらい、お互いの役割を把握して動いている。

すると、最初だったら絶対に無理だったはずの作業も、みんなでアイデアを出してこなせるようになる。それぞれが役目を果たしてかけがえのない人物になっているから、絆も深まる。

そして、僕はどうやってこれを会社に持ち込んだかというと……。

そっくりそのままやってしまったのです！

まったく同じことをやったのは初めてのケースのようです。チームビルディングプログラム講師の長尾彰さんは、その道では有名な方で、スポーツの日本代表チームも含め、何千組も指導しているそうです。この方が「初めてですよ」と言っていたから、間違いないと思う。

なぜやったか。僕は会社の存亡が、この「チームづくり」にあると考えたからです。僕のヤッホーでの人生を、これに賭けていた。僕は今後「二〇二〇年にシェア一パーセント」という目標に向けて走って行かなければならない。

そのためには、どんどん人を雇用すると思う。僕一人の力なんかじゃ、とても達成できません。でも、父の日にビールが売れても「忙しくて死にそうだよ」と不平を言われるような状態では、絶対にどこかで行き詰まります。

しかも、僕は時限爆弾を抱えていた。星野からは「毎年、一円でも増収増益を達成してほしい」と言われていました。逆に言えば、増収増益が達成できなければ、その時点で僕は社長でなくなってしまう可能性があります。

そして、人数が増えてしまったあとでチームをつくろうとしても、その頃には、会社の雰囲気ができあがってしまっていてどうしようもないだろう。とすると、チームづくりは早ければ早いほうがいい。

だから、僕は一年目、なんとかギリギリ増収増益だけ確保できればいいと考え、最も大切な目標を「チームづくり」に定めたんです。

## 必ず仲が悪くなる混乱期がある

そして僕は、惨憺（さんたん）たる苦労をすることになります。

第一回目は、二〇人の社員のうち、三分の一くらいが参加してくれました。そして、チームは、どんなメンバーであっても、次の四つを順に経て、単なる集まり（＝グループ）から「チーム」になっていきます。

①フォーミング（形成期。何となく様子見している）

②ストーミング（混乱期。嵐のようにもめる）

③ **ノーミング（規範期。緩やかにまとまっていく）**
④ **トランスフォーミング（達成期。一致団結する組織になる）**

ここで重要なのは、必ず、混乱期があって、仲が悪くなる時期が存在する、ということ。「アイツはわかってない」とか「もう来たくない」とか、そんな否定的な言葉が飛び交う時期が必ずあるんです。しかし僕は、答えを教えるのではなく、みんなに気付いてもらえるまで待たなければいけない。だから、時間がかかるんです。

例えば、僕のアシスタントのなおじいは、いつだったか、みんなに「このやり方でいいと思うけど、みんな、いいよね？　いいよね？」と合意形成をとろうとしていました。でも、講師役の僕の目から見ると、二〜三人、明らかに納得していない。この二〜三人がしゃべろうとしていたとき、たまたまなおじいがしゃべってしまったりして、自分の意見が言えていなかったんです。

でも、集中しているから、なおじい本人は気づけない。ここで放っておくと、チームになれない。そこで僕は「合意、とれてますか？」と聞いてみる。すると、なおじいは「はい！」と言うけど、何人かが黙っていて、少し経つと「私はこれ、違うと思います」などと言い始める。

もちろん、なおじいが悪いわけじゃありません。合意できないのであれば、ちゃんと意見を言うべき、という考えもあります。だから、結局どっちが悪いという問題ではなくて、「それじゃチームが成立しない」という問題だけが残ります。じゃあ、どうすればチームになれるのでしょうか。再び、考えるのは彼らです。

しかし、続けていくと、混乱のあとに緩やかなまとまりがやってきます。

例えば、最初は難しいと思った作業が、誰かの発案により可能になっていくことがあります。ほかの人間が持つ能力に驚くメンバーも多いでしょう。またあるメンバーは「一人で進むのでなく、合意形成をとって、みんなに協力してもらうと前に進める！」と感じるかもしれません。また、思い切って自分の意見を言ってみたら、それが真剣に議論され全体をよい方向に導き「あ、手を挙げて言ってもいいんだ……」と実感したメンバーもいるでしょう。

そんなことをするために……。

僕らはフラフープを上げたり下げたり、ロープをくぐったり、わざわざホテルをとって合宿したり、飲み会を開催したりしていました。

ただしこの研修には、時間も、お金もかかります。これはもう、残る三分の二の社員にしてみると、遊んでいるようにしか見えないんです。

例えば、パートさんの女性が僕のところに表情を硬くしてやって来て「井手さんに言いたいことがあります。チームビルディングって言うんですか？　あれ、もうやめてください！」と決然と口にしたことがありました。

「私たちにしわ寄せがきているんです。わかりますよね？」

「そうだと思う。本当にごめんね」

「そもそも、なぜいまなんですか？」

実は、夏の一番忙しい時期に、チームビルディングを進めていたんです。彼女の「閑散期にやればいいじゃないですか！」という言葉は、非常に説得力がある。

「違う。いまやることが大事なんです。いまは売り上げを多少犠牲にしてもチーム化を早く進める必要があるんです！」

申し訳ないけど、僕も決然と言うしかなかった。そして、なんとかわかってもらおうと必死で話した。

「これからヤッホーには、もっともっと人が入ってくると思う。そして、人が増えれば息が合ってないと効率があがらない。みんなが『チームになるってすごい！』って実感してくれていないと、いつか、売り上げは頭打ちになる。そして、一〇〇人、二〇〇人を超えて、僕が把握しきれない人数になってしまったら、もうチームづくりはできない。だから、少しでも早く、人数が少ないうちに、やっておかなきゃいけないんです！」

「……」

「どうか、わかってください。本当に、申し訳ないと思っているんです！」

そう、僕はリーダーになって、よくわかったことがあります。

「リーダーにしか見えない景色」があるんです。リーダーは、時間軸で言えば一〇年後、二〇年後を考えなければならない。いまを見ている人とは視座が違うから、意見がかみ合わないんです。

決断が影響する範囲も大きく異なります。リーダーは会社全体や、ステークホルダー（利害関係者）、業界のことまで考えています。そんなリーダーと、とりあえず身の回りが見

えている人とでは、やはり議論がかみ合わないときがあるんです。
でも、彼女が怒っているのは確かで、彼女の立場にすれば、腹が立つに決まっている。僕は必死で説明し、謝って、なんとか少しでも理解してもらい、頑張ってもらうしかなかった。正直に言えば、悔しくもあり、申し訳なくもありました。僕は、とても複雑な気持ちだった。

## スタッフ〝でぶにい〟が流した涙

僕はこのあとも、社員に対してチームビルディングを実施していきますが、三回目はチームが崩壊してしまいました。この研修は諸刃（もろは）の剣（つるぎ）だったんです。

原因は、三回目だけ、ハードルを下げたこと。急速に人数が増えていくので、一回目、二回目ほどの完成度でなくても、やらないよりはマシだろうと考え、時間的な負担を減らし、しかも、少し無理に誘ってみたんです。

すると覚悟がないまま入ってきて、さまざまな合意形成も、一致団結もできないままに時間が経っていった。次第に何人かが「チームビルディングってたいしたことないよ」と言うようになって、チームどころか、不満の種ができてしまったんです。

この失敗は、その後、三回目のメンバーが「こんな、なんの成果もないことを大切にしている会社、つまらないよね」と会社を去って行く遠因にすらなってしまいました。やはり、自主的に参加して、しかも、大変なことがあっても耐える覚悟がなければ、この研修は実施できません。

しかも、売り上げの伸びが鈍化しました。それはそうです。最も忙しい時期に、フラフープを上げたり下げたりしている会社が伸びるはずがありません。僕は社長就任後の二年間は、絶妙にクビにならない売り上げの数字をつくりました。


しかし、チームビルディングの効果は絶大でした。

まず、体験してくれたメンバーは「チーム」に対する価値観が変わっていきます。自分が得意な部分を活かすことが、どれだけ楽しいかがわかったのでしょう。さらに言えば、みんなで同じ方向を目指し、目的を達成することがどれだけ素晴らしい体験かが実感できたのでしょう。

だから、何かプロジェクトを発足させるとき、僕が「一緒にやってくれる人、いますか」

くれる。

と声をかけると、「はい、はい、はい！」「私もやります、参加しま～す！」と名乗り出て

しかも、みんなが自分に得意なことがわかっている。

帰属意識が高まっていて「このチームのメンバーは大切な仲間だ」と思っている。

チーム内のメンバーとは、フラットにやりとりした経験があるから、年齢の差も軽々と飛び越えて、意見が言いやすい。

その結果、社長就任三年後から、売り上げが爆発的に伸び始めたのです。そして、みんながポカーンとして信じてくれなかった「二〇二〇年にシェア一パーセント」に至る道筋を、僕らはまったく外さずに歩むことができています。

しかも、人が辞めない。その後、急激に社員の数が増えていきますが、会社を辞める人が劇的に減りました。これは間違いなく、チームビルディングの成果と言っていいと思います。

さらには、それぞれが自分と向き合い、成長した。

僕はさまざまな研修を取り入れ、社員みんなが、自分と向き合える仕組みをつくったんです。

例えば『さあ、才能に目覚めよう』(日本経済新聞出版社)という本があります。僕は出版社の回し者じゃありませんが、この本はよくできています。本を買うと、一度だけテストを受けることができ、タイトルのとおり、自分の強みを発見できるんです。

僕が「自我」とか「指令性」とか「責任感」と言っているのは、このテストの結果です。そして、社員全員にこのテストを受けてもらいつつ、チームビルディングを実施すると、それぞれの強みが言語化されます。

「○○さんは『着想』を持っているから、ここで強いのはわかるよ!」などと共通の言葉を使って話し合えるようになるのです。すると、花開く社員がいます。

思い出深いのは「でぶにい」です。男性の元パートさんで、いまは正社員になりました。彼が参加したチームは、最後までぎくしゃくしていました。みんなは「このままじゃチームになれない!」と危機感を持っていて、チームビルディングを終えるまでに倉庫をきれいに片付ける、というアクティビティを実施すると決めました。

でも、でぶにいは合意形成ができなくて、あと数日しか残ってない時点でも「それは無

理だよ！」「これがすぐ片付くはずがない！」と言っていた。

ほかのメンバーは「やってみよう」と彼を説得しつつ作業を進めて、毎日「次はここまでやろう」と話し合って、忙しい合間に荷物運びに掃除にと立ち働いた。

するとでぶにいは、ついに「俺っていつもネガティブな発言ばかりだったよな」と反応した。作業が進んでいったのを見て「信じ込んでみんなでやれば、やっぱりできるんじゃないかと気づいた」と言い、態度を変え始めたんです。

彼はちょうどその時期、受注業務をやっていて、注文が多すぎて仕事を抜けられませんでした。本来であれば、倉庫の掃除なんかせずにすんで「ちょうどよかった、ラッキー！」と思うはずなんです。

でも、彼はあるとき、涙を流し「手伝えない自分が情けない」と言い始めた。

そして、それまでは率先してやるというタイプじゃなかったけど、いまは「何でも、できる！」と思って手を挙げる人に変わったんです。

すると、周囲も変わってくる。星野リゾートの人事総務の責任者だった「おかぽん」はビール好きが高じてヤッホーに転籍してきた人物です。彼は最初、チームビルディングに対し半信半疑だったものの、周囲の変化を受けて「自分もやってみよう」と思ったらしい。結果、「こういうチーム形成があったのか。見えていなかったところが見えた。感動した」と評価してもらえました。

さらに、僕と一緒に創業当初から頑張ってきた製造のあーすぃーは「あまりにてんちょの激変ぶりがおもしろくて、なぜこんなに変わったのかが知りたくて参加しました」と言って、仲間に加わってくれました。

しかもこれは、僕らが成し遂げる変化の第一段階にすぎなかったのです。

## 僕らが共有している価値

僕は、チームビルディングを始めた時期に、僕らのミッション（使命）を決めました。

競争戦略で有名な経営学者のマイケル・ポーターは、「企業活動には、それぞれの活動にフィット感を持たせることが大切だ」と述べています。

例えば、ビールを世に出すまでには、ネーミングや、醸造方法や、販売方法など、さまざまな選択肢のなかから「これだ！」と言えるものを選んでいく必要があります。いわば、

企業活動は毎日が選択の連続なのです。

しかし会社には、年齢も性別も異なるさまざまな社員が所属しています。もちろん、社員は人間として、それぞれ価値観を持っているでしょう。それは異なってもよいと思います。でも仕事にかかわる場面では「僕たち、私たちならこうするよね!」という価値観を共有していなければいけません。それを共有できていないと、その会社は、何かを選択する場面で一貫性を失ってしまうからです。

そこで、僕はこんなミッションを掲げました。

「画一的な味しかなかった日本のビール市場にバラエティを提供し、新たなビール文化を創出する。そして、ビールファンにささやかな幸せをお届けする」

という壮大なものです。

仕事の場面では、社員たちがみんな、このミッションに向け、活動してほしい。それができれば、会社は一貫性を持った存在になれるはずです。

でも、このミッションだと少し長い。そこで、僕に同じことを一言で表せる言葉はないか、数カ月間、考え続けました。その結果、見つけた言葉がこれです。

「ビールに味を！　人生に幸せを！」

そもそもは「よなよなエール」につけていたキャッチコピーでした。でも、この言葉はさすが、僕らの主力ブランドを示す言葉だっただけあって、僕らのミッションをしっかりと表わしていると感じました。

僕らは、日本のビール市場にバラエティを提供し、新しいビール文化を創出する。その結果、お客様を幸せにするために働いている――。このミッションを共有していれば、僕らのチーム全員が日々行う選択は、一貫性を持つはずです。

次に、企業文化を決めました。僕らは、頑張れヤッホーを略して「ガッホー文化」と呼んでいます。これは、星野リゾートの企業文化に、一つ、付け加えています。

もともとは、「フラット」「究極の顧客志向」「自ら考え行動する」「切磋琢磨する」「仕事を楽しむ」の五つ。

僕は、考えに考え、これに「知的な変わり者」を付け加えることにしました。そう、「よなよなエール」の個性でもあり、ターゲットとするお客様でもある言葉です。なぜ加えたかは、あとで説明します。

さらには、ビジョン（未来像）を決めた。「クラフトビールの革命的リーダー」です。そのなかで具体的指標の一つが「二〇二〇年にシェア一パーセント」です。そのときには、ビールの市場に「クラフトビール」というマーケットがあることが世の中の大部分に認識されていて、僕らはこのマーケットのリーダーである、と考えました。

そして、最後につくったのは「ヤッホーバリュー」。僕らの価値がどこにあるかです。これは三カ条。

- **革新的行動**
- **（造り手の）顔が見える**
- **個性的な味**

これは、アメリカのマーケットを分析した結果でした。いえ、分析と言っても難しい書類とにらめっこをしたわけじゃなく、アメリカのクラフト業界の人たちに聞いた結果です。アメリカの市場には、成長し、その後、廃（すた）れていったブルワリーと、いまでも人気のブルワリーがあります。その違いは何かを考えると、ずっと人気があるブルワリーには、この三つの要素が必ず含まれていたんです。

詳しい方に話を聞くと、彼がけちょんけちょんにやっつける銘柄と、誉めている銘柄がありました。「その違いって、どこにあるんですか？」と聞くと、「例えば、コンビニに並んでいるクラフトビールらしくない普通のビールは、最初は売れるものの、そのうち熱狂的なファンが離れてしまって、陳腐化（ちんぷか）していく」と言う。

僕は数カ月間、情報収集を繰り返し、得た情報を元に必要なことを紙に書き出し「これとこれは似た意味だよな」と省き、結局は三つに絞り込みました。

そしてこの三つは、まさに僕らのファンが僕らを支持してくれる要素でもありました。

なぜ、こんなことをしたかと言えば、僕はリーダーではあるけれど、会社に五〇人いた

とすれば、しょせん、五〇分の一の存在にすぎないからです。

会社ではさまざまなことが起きます。最初のように七人くらいの会社であれば、すべて、僕が判断できるでしょう。でも会社が成長してくると、僕が介入できる場面は少なくなり、多くは、僕に知らされることもなく進んでいきます。

そんなとき「これはビジョンと違うよね」「顧客志向になってないよ」と社員が自分で考え、もしくは現場で話し合って、正しい答えを導き出さなければいけないからです。

しかし僕は、チームビルディングを実施し、具体的に、チームがどんな方針で動くかを周知していく途中で、ついに、心を鬼にするつらい場面と出会ってしまいました。


僕らはその後、楽天市場の「ショップ・オブ・ザ・イヤー」の常連店になり、アメリカに行って、楽天の創業メンバーに話を聞く機会がありました。小林正忠さんという方で、当時、アメリカエリアのＣＥＯ（最高経営責任者）であり、楽天が買収したアメリカの「リンクシェア」という会社を成長させようとして悪戦苦闘していた方でした。

正忠さんは、リンクシェアに楽天流の体育会系の文化を浸透させようとしていて、かなりの荒療治を加えていた。親睦会のときに話すと「こうしよう、こうしよう、と言うほどにアメリカ人の社員が辞めていってしまう」というんです。

僕は「ああ、わかるな」「でも、もっと、ゆっくりとやっていけばいいのに」と思いました。ヤッホーにも、僕が定めたビジョンに関心を持ってくれない人がいました。いやむしろ「そんな大変なことしたくない」と思って、でも辞めるほどの違和感はないから勤めている、という人たちでした。

僕は正忠さんに「そんな社員にどうすれば振り向いてもらえるのか」と聞こうと思いました。僕は「そのうちわかってもらえる」と思っていた。また「彼らの将来もあるし……」と思っていた。徹底的に話し合ったら退職してしまいそうな気がしていたんです。

ところが、正忠さんは僕にこう言いました。

「三木谷の言葉に『そのうち』はありません。血は、早く入れ替わったほうがいい。痛みも伴いますが、これだけが、いち早くうまくいく秘訣です」

僕は、がーーーーーん！　と頭を打たれたような気がしました。僕は間違っていた。

僕は正忠さんの話を聞きながら、会社の現状を振り返りました。結論は、「会社のミッションやビジョン、企業文化をどうしても受け入れないスタッフと、一生、一緒に働いていくことはやはり無理なことなんだ」ということでした。

会社を辞めさせるわけではない。でも、目指す方向を明確にし、一生懸命にその方向に誘った結果、自ら「この会社にいたら幸せじゃないな」と決断を下した社員がいたら、別々の道を歩んだほうがお互い幸せな場合もあると思えるようになりました。

## 朝礼で仕事の話なんかしなくていい

僕らはその後、いくつも、楽しくてバカバカしい習慣を持つことになりました。

最初の施策は「むだ話」をすること。

その場は「朝礼」です。僕らの会社にも朝礼はあって、いつも、しめやかにお通夜が営まれているような感じでした。簡単に言えば、お通夜のように暗かった。みんなは「特にありません」「事務処理です」くらいしか言わない。

僕らの仲間に、いつも元気な「あづあづ」という女性がいます。彼女はその後、僕のメルマガを引き継いでくれるなど、大活躍している人物です。あづあづは東京で勤務しているのですが、佐久に出張してきて朝礼に出ると、いつも「てんちょ、お通夜みたいですね」と言っていました。

僕は、これを変えました。思い切って「仕事の話なんかしなくていい」としたんです。要するに、会社の日常業務に「むだ話」を加えました。

僕はその後、取材や講演でこの話をすると、聞いた人から「楽しい会社ですね！」と言われることがあります。もちろん、いまは楽しい会社です。でも当初は「楽しい会社にしなくちゃ」というやむにやまれぬ事情があって始めたことだったんです。

もちろん、最初はみんな「？」です。僕が方針を伝えると、その多くが不満そうな顔をしています。

一人一人発表するとなると、二〇〜三〇分かかるかもしれません。朝の集中力が高まっている大切な二〇〜三〇分で、むだ話をしよう！　などという無茶なルールに、誰が喜んで意義を見出してくれるでしょうか。

もちろん、反発もありました。というより、反発ばかり。

チームビルディングの研修に出てくれたメンバーは、普段の何気ないコミュニケーションが大事だとわかっているから、心を開いて「昨日、うちで飼っている猫が〜」なんて話をしてくれます。

でも、ほかの社員たちは「効率的じゃない」「忙しい」……。なかにはわざわざ僕のところへやってきて、「無駄だからやめてください」とか「一週間に一度でよくないですか？」と言う人もいました。

なら、どうする？

昔の僕なら、折れていたかもしれません。「そこまでやりたくないなら、仕方がない。無理に話すことはないですよ」と思っていたかもしれません。でも、会社を変えるためには僕が変わらなきゃいけないんです。僕についてきてくれて、朝礼で一生懸命話してくれている人たちに、寂しい思いをさせてはいけないんです。

話をしない人がいると、時間を見つけて話しかけ、朝礼の意味を説明します。もちろん、合意ができず、一方的だと、心の中でわだかまりが残るだけだから、一生懸命、自分の考えを伝えるだけです。

「コミュニケーションがとれていて、朝から楽しく話せたら、一日、元気に働けるじゃないですか！　短くてもいいから、何か話をしてほしいんです！」

時には真剣に話しました。

「仕事だけうまくやろうという組織にしようと思うと、結局、その仕事がうまくいかない。少しでもいい、自分から心を開いて話してほしいんです」

こんなことを言い続けると、最初は僕とチームビルディングに参加したメンバーだけでわいわいと話していたものの、次第に、少しずつ、話してくれる人が増えてきました。

それでも壁はありました。社内には、特にパートさんなど、「私はそういうこと話したくない」という人もいたんです。もちろんそうで、みんなの前で話すのが苦手な人もいますし、そもそもパートさんはヤッホーの企業文化に共感して入社してきた人ばかりじゃないんだから、仕方ありません。

そんな場合は僕が、普段から話すように心がけて、朝礼で「そういえば○○さん、昨日、こんなこと言ってたよね！」などと雑談の輪に入ってもらうよう心がけました。

「私のことなんか、興味がある人いないんじゃないですか」

「ええっ!?　僕は○○さんの話、聞きたいな」

続けてこう話しました。

「けど、個別に聞いちゃうと怪しいおじさんになっちゃうから（笑）、みんなの前で聞か

せてください！」と言った。

誰だって、否定されて、嫌な思いをするのが怖いんです。でも「僕は否定しないよ！」という明るいメッセージがあれば、心を開いてくれるかもしれない。

僕は三カ月、四カ月くらい、こんなことを言い続けた。

すると、いつだったろう？　パートさんも、自然と仲間に入るようになってくれて、いまでは普通に話すようになってくれたんです。

先日も、どこで見たのか「女子がバレンタインデーのチョコレートをあげる確率が最低の県は奈良県で、男子がチョコを一番受け取らないのは何県で……」みたいな話をしてました。もちろんみんなも「へぇ～！」とか「じゃあ長野は？」なんて聞いてました。

会話自体は特に生産性はないけど、周囲と仲良くなれそうな気がしませんか？

しかも、朝礼で性格や言動がわかってくると、いじりやすくなってくる。すると、仕事上でも議論が活発になります。

そもそも議論って、普段からの信頼関係があるからできるんです。赤の他人といきなり意見をぶつけ合えと言われても、相手が感情的になるかもしれないし、自分だって人格を否定されるのはいやだから、なかなかホンネって言えません。

でも、仲間だから真剣な場面でも「実は普段、こんなこと思ってたんだよ」「私の部署にすると、こっちのほうが助かります」などと否定的なことも言えるんです。


では、こんな感じで僕があきらめずに言い続け、みんなが心を開いてくれると、何が起ったのか！

最近はもう、社員たちが「この文化を根付かせよう！」と考えて、新入社員や、新たに入社したパートさんに向け、働きかけてくれるようになっています。

例えば、新しいパートさんが、初日か何日目かに「緊張してうまく話せない」ってこぼしたことがありました。そしたらなんと、心を開いてくれるまでに、一番時間がかかったパートさんが「上手に話すことなんかないよ」「ここの人たち新人の話を聞きたがる人が多いし、つまんない話をしてもつっこんでくれるから大丈夫だよ」などと言ってくれたらしいんです。

人間って、すごくないですか。

## 部署名にも遊び心を！

同じ時期に始めたのが、ニックネームで呼び合うことでした。

星野リゾートは「フラットな文化」を持っています。この文化の意外と重要な部分が「さん付け」でした。

総支配人でもディレクターでも全員「○○さん」と呼び、呼ばれます。だから、社長だからとか、総支配人だからとか、そんな理由で誰かの意見が重みを持つことはない。しかも星野リゾートでは、人事異動でディレクターとプレイヤーが入れ替わることも普通に起こり得ます。「○○ディレクター」と呼ぼうと思っても、コロコロ変わっているから意味がありません。

そして僕は、この「さん付け」に何か追加しようと考えたんです。ならば、ニックネームで呼び合うなんて、どうだろうか？

実を言うと僕は、すでにニックネームを持っていました。「てんちょ」と言います。最初の頃は、メルマガなどでファンになってくださったお客様が、僕のことをなんとなく「店長」と呼んでくれたんです。

それで僕が、自分のニックネームとして、ひらがなの「てんちょ」にした。すると、お客様とも距離が縮まった。電話でも「てんちょー！」なんて気軽に呼んでもらえたりするようになったんです。

ちょっとやりすぎかな？　とも思いました。

しかし、星野リゾートの「さん付け」文化は「○○さん」と呼び合うことが目的ではないはずです。それより、フラットにいろんな議論ができるような雰囲気をつくろうと始まったもののはず。

しかも星野リゾートは、高級リゾートで接客業だから、お客様の前で、ニックネームで呼び合って「なおじい、こちらのお客様をお部屋まで」などと言うわけにはいきません。でも、ヤッホーブルーイングは嗜好品の会社です。もっと和気藹々（わきあいあい）とやればいいじゃないですか。だから、今日からは上司も部下も関係なし！

すると、これも反発はあったものの、多くの社員がおもしろがってくれるようになったんです。

そこで、僕はさらなる改革を加えました。

部署名を変えたんです。

僕は、たまに違和感を持つ場面がありました。例えば、取引先や協力会社の方と名刺交換をするとき、「マーケティング担当のくりりんです」「営業のみやちゃんです」では中途半端というもの。

仮装したときと同様に、中途半端だと相手を戸惑わせてしまいます。これは、失礼です。

そこで、僕は組織の名前を僕らしく変えることを推奨した。

- 六〇隊（流通営業）
- SAP軍団（プロモーション）
- マーケティング基地（地元エリア営業・輸出）
- i・通販団（通販営業）
- ハッピーお届け隊（物流）
- 醸造
- 充塡
- QC（品質管理）

- **パティスリーイェール**（財務・生産管理）
- **コーポレート団**（経営企画・受注）
- **よなよなエール広め隊**（広報・イベント企画）
- **ヤッホー盛り上げ隊**（人事・総務）

これならいい！

「よなよなエール広め隊のハラケンです！」

これならしっくりきます。

だから、社内はもちろん、目の前に日本国首相がいても、キリンビールのような大企業の社長がいるような場でも、僕らは徹底してニックネームで呼び合います。

僕の肩書も、社長だとカタい。でも「代表取締役社長」は対外的に必要な場合があるんです。だから名刺には「社長」と小さく書いてはいますが、それより前に「よなよなエール愛の伝道師」と書いてあります。

変ですよね。でも「文化」や「個性」は、きっとどこか「変」なんだと思います。

例えば関西の会社だと、マジメな雰囲気の打ち合わせの最中に、冗談を言って場を和ませてくれたりします。関西の方は「当然やん？」と思われるかもしれませんが、それは関西の文化です。

でも、それが素晴らしい。自分の価値観を相手に伝えると、多くは「ああ、こういう人たちなんだな」と思って付き合ってくれます。

逆に、価値観を伝えなければ、相手にとっては未知の宇宙人のようなもので、付き合いにくいにもほどがあります。

「強み」も同じです。難しい言葉で言えば、コアコンピタンス（他社が真似できない能力）なんだから、相手にもわかってもらわなければもったいない。

これもまた、ネット通販同様に「自分たちの本当の姿を伝える作業」だったのかもしれません。僕らは、思いっきり、「自分」であろうとしていました。

そして……。

一方で、僕が恐れていたことが現実になっていました。ミッションやビジョンなどの経営理念を示し、独自色を出していくと、どうしても、その方向性に同意できない人が出てきます。

それはそうです。僕が社長になるまでは、経営理念などはなく、ITのスキルがある、といった能力次第で人を雇っていたからです。彼らが悪いわけではありません。でも、僕が頑張って僕らの目指す姿を伝え、周囲が変わっていくに従って、一人、また一人と会社を去って行きました。

みんなで一致団結し高い山を登るというとき、どうしてもそこを登りたくない人は、残念だけれど一緒に歩んでいくことは難しいのだと思います。逆に言えば、その人たちは長く勤めるほど、自らに合った新しい道を目指す機会が減り、将来、せっかくの人生を自分にとって不本意なかたちで生きていくことになってしまうかもしれない。だから、早く結論を出すことはお互いにとって悪い事ではないと思えてきたのです。

すると「小規模でいい」「自分一人でやれる仕事だけ黙々とやっていたい」といった理想を持っていた人が退職していきました。

逆に、新しい経営理念に共感してくれた人や、なんとかそれを理解して一緒に歩んでいくことを選んでくれた人は残ってくれました。

残ってくれたスタッフには心から感謝しています。そして僕には「同じ道を歩んでくれ

る彼らのことは、今後どんなことがあろうとも守っていかなくてはならない」という強い責任感が芽生えたのでした。

僕は、この件について迷いはありません。でも、とてもつらく苦しい決断でした。

## 僕らは知的な変わり者

もう、ずいぶん昔の話になります。星野は、星野リゾートグループ全社員に届くメールで、こんな話を書いて送ってきたことがありました。

ちょっと、冗談のような話ですが、聞いてください。

星野は東京から軽井沢へ向かう新幹線に乗っているとき、着物をまとった年配の女性と隣り合わせたそうです。女性は立ち居振る舞いも上品で、軽井沢の別荘へ向かうのかな、と想像したと言います。

ところが、星野はふと気づいた。女性の頭に……。

インコが乗っている。

インコを頭に乗せるというのは、ちょっと普通の振る舞いではありません。星野は「もしかしたら、何かの間違いで乗ってしまったのかもしれない」と考え込んでしまった。でもご婦人は変わった様子もなく、本など読みながら、特段気にもとめていない。星野はインコが動かないのを見て、「これはちょっと変わった髪飾りなのかもしれない」と思い直し、気にとめないことにしたんだそうです。

ところが……。

インコが、動いた！

本物だ……。星野はたまらず「すみません、お伺いしてもよいでしょうか？」と話しかけたそうです。

「なぜ、インコを頭に乗せていらっしゃるのですか？」

すると、ご婦人は上品な笑顔で、こう答えた。

「かわいいでしょ？　おりこうなんですよ」

答えになってない！　そのあと、ご婦人は星野に、インコの飼い方などを丁寧に説明してくれたそうです。

そして、星野はメールにこう書いた。

「知的な変わり者は、こうでなくてはいけない。常軌を逸脱しているが、どちらかと言えば愉快だ。私はいままで、幾多の方たちと新幹線で隣り合ってきて、その誰ひとりとして覚えてはいない。でも、私はこのご婦人のことをきっと死ぬまで覚えているし、むしろ人に話したくて仕方ない。私は彼女に『人のなかに埋もれない』ことの神髄を見た」

いかがでしょう。要するに僕らは、そんな「知的な変わり者」に共感を持つ会社なんです。

このメールで、星野は僕らを鼓舞しました。僕らが仮装して楽天の表彰式などを大いに盛り上げていることに言及し、こう書いたこともあった。

「もし、楽天さんから追い出されてしまったら金一封を出します」

「もっとやれ」という意味でしょう（もちろんユーモアですが）。

だから僕らは、星野リゾートとはまたちょっと違う文化を創り上げたい。多くの方が楽しめる星野リゾートの施設とは少し違って、もっと、エンターテインメント性にあふれた会社であろう、と考えていたんです。

その結果、僕はメルマガなどのネット対応を、あづあづや、ほかのみんなに引き継ぐことができました。

それまでは、僕が自分の個性で盛り上げていました。

しかし、チームビルディングや朝礼やニックネームなどの施策により、僕らの間には「自分の個性を思いっきり出していい」という共通認識ができあがりました。もちろん、メルマガは書く人の個性が反映されます。でも、僕らの企業文化、価値観にのっとったうえで、それぞれが個性を出し「顔が見える＝お客様が身近に感じる」メルマガを書いてくれればいいんです。

そして、僕らはさらに、ほかのビールメーカーが挑戦していない領域へと踏み込んでいくことができたんです。

# 第9章

# 僕らの働き方を変えたら、ファンも販売店もチームになった

## なんでファンが伝道師になるんだろう？

僕らは「宴（うたげ）」という名のイベントを始めることにしました。

きっかけは、自社で実施した調査です。

二〇一〇年になると、チームビルディングの成果が目に見えて現われ、会社は非常に元気になっていました。ありがたいことにファンが続々と増え、僕らは「なぜ僕らのビールを好いてくれるんだろう？」と、ファンの方たちをお招きし、インタビューさせてもらうことにしたんです。

当たり前ですが、さまざまな方がいました。ただ「ビールが好き」という方もいれば、「この味でなきゃヤダ」とおっしゃる方もいた。そして、なかには「もう全部が好き！」と、社員でもないのに僕らのビールを宣伝してくれている人たちもいたんです。

僕らは、「よなよなエール」を広めてくださるファンの方を「伝道師」と呼んでいます。

そして、調査のときに「なんで伝道師になるんだろう？」と思って質問をすると、その多くが、僕らのスタッフとの接触を機に、劇的にロイヤルティ（その製品や会社が好きな度合い）が上がったとわかった。例えば、醸造所見学に来てスタッフと触れ合うきっかけ

があった、試飲会でファンになった、といった声が多かったんです。

そんななか、僕は縁あって中央大学ビジネススクールでマーケティングの教授をなさっている田中洋先生にアドバイスをいただいた。僕が自社の現状を話すと、先生は「ハーレーダビッドソンの構図に似ているね」と言われたんです。

「ハーレーですか？　どういうことですか？」

「ハーレーのファンは、ハーレーという会社へのロイヤルティが高いんです。市場には、ホンダやヤマハのような性能や燃費がよくてより値段の安いバイクがいっぱいありますよね。しかし、ファンはまるで趣味のように、高いハーレーを買うんです。なぜだと思いますか？」

「ハーレーの印象がいいからですか？」

「実は、ハーレーはバイクだけを売っているのではなく、ライフスタイルも売っているのです。バイクを売るというのは、速く走るなどの移動手段としての機能を売ることを指します。ライフスタイルを売るというのは、ハーレーのある楽しい生活という情緒的価値を売るということです」

そのあと、僕らはプロジェクトチームを組んで、徹底的にハーレーを調査しました。ハーレーに関する本を読み、インターネットで調べ、実際にファンの方を見てみたくてイベントにも行きました。

この頃になると、僕はもう一人ではありません。このときは、よなよなエール広め隊のハラケンが、バイクに乗れもしないのに富士スピードウェイのイベントに参加してくれました。

すると、もう熱気がすごい。日本中から革ジャンを着たいかつくてカッコイイお兄さんやおじさんが集まっていて、ハーレーのロゴのタトゥーまでしている人がいた。

そういう状況を見て、僕は「これだ！」と思った。なぜ、彼らはここまで思い入れを持ったんでしょうか。その答えは……。

お客様との密着プレー！

これは、すぐにでも応用できます。まず、「市場環境」が似ている。バイクもビールも同じで、若者が少しずつ離れ、市場自体が縮小していた。また、大手数社で市場を占有し

ているのも同じでした。

そして「値段が高い」ことも同じ。ハーレーは日本製のバイクの二倍くらいの値段です。僕らのビールも倍とは言わないけれど、三～四割は高い。

バイクの大手もビールの大手も、大きな市場に対してテレビや雑誌で広告を打っていた。一方、ハーレーは広告などほとんどせず、コミュニティ（仲間が集う場）があって、サーキットを走り、カスタム（改造）を自慢し合う、といったイベントなどを実施している。

僕は「これこそ、規模が小さい会社のマーケティングだ」と思いました。

一〇〇人のうち九〇人に好かれたい会社は、みんなの目につくところに広告を出すべきです。予算もあるでしょう。でも小さい会社は、一〇〇人のうち一人から熱狂的に好かれることが大事です。とすると「その一人を集めてイベントをやることが、広告もできず知名度もない僕らの成功パターンになる！」はず。僕はそう強く思った。

## ファンは僕らと触れ合う機会を求めていた

実を言うと、二〇一〇年以前から、小さなイベントを実施したことはありました。いえ、小さなイベントしかできなかったのかもしれません。でもいまは、ミッションとビジョンを共有した社員がたくさんいます。もっともっと気合いを入れて、事前の準備をして、お客様に楽しんでいただく仕掛けが練られるはずです。

もちろん、プレッシャーはありました。そもそもファンは来てくれるんだろうか――。

でも、すぐに不安は期待へと変わりました。

「宴」を行う、と発表すると同時に応募が殺到したんです。当時はフェイスブックページもなく、告知はメルマガとホームページだけ。なのに、メールやネット上の書き込みを見ると……。

「待ってました！」

「これは行かねば！」

「やったー、行く、行く！」

と、期待感の嵐です。

もちろん、ここからは別のプレッシャーがありました。まず、やったことがないからどうなるかが想像できません。酔って暴れる人がいたらどうしよう。社員みんなが失礼のないよう動けるだろうか。さらに言えば「宴」を実施した向こうに、僕らが成し遂げたい未

来はあるのか。

でも、僕には心強い味方がいます。

「はい、はい！　私やります！」

と手を挙げてくれる社員たちです。

こうして二〇一〇年の夏、僕らはまるで文化祭の準備をする高校生のように、お客様をお迎えすべく準備を重ねました。

会場は、東京・恵比寿のビアパブ。イベントは多彩です。例えば、「よなよなエール」を題材にしたクイズ。さらにはビールのテイスティング大会。どんなビールを用意して、どんなグラスを用意するか、そもそも収支はどれくらいにするのかなど、時間をかけ、練り上げます。ちなみに収支は数万円の赤字。いまでも少しだけ赤字です。

そして僕は、間違いなく緊張していました。仮装をしたときのような、初めて何かに挑戦するときの、独特な、なんとも言えないドキドキ感……。

少し話はそれますが、このイベントのあと、田中洋先生と話すと、彼は一気に手書きの図を書きあげてくれました。「『よなよなエール』を飲むことによって得られるベネフィット」というタイトルで、結論として、五つの「効果」が示されています。

**・共感する**
**・理想像の実現**
**・自己確信**
**・癒される**
**・仲間をつくる**

僕は、イベントを開催した時点では、この五つの効果について、まだまだ整理できていませんでした。例のごとくです。しかし、ファンと話して「なんで『よなよなエール』を飲んでくれるんですか？」と聞くと、みんな必ず、このうちの一つ、もしくは複数が絡むかたちで、ロイヤルティが高まっていたんです。

ファンの方たちが、「わー、てんちょー！　一緒に撮影していいですか？」と僕に話しかけてくれます。僕は「どちらからいらしたんですか？」などと会話を交わします。

そして、先の質問をすると、ほとんどの方が「そりゃ、おいしいからですよ！」とうれしいことをおっしゃってくださいますが、深掘りしていくと、実はまた別の理由が見えてくるんです。

会話のなかで、「てんちょの仮装、素敵です、あんなことができるの、うらやましい！」「うらやましぃんだけど、私にはできないわ！」といった言葉には「世界観の共感」や「理想像の実現」があります。

僕らのユーモアがある世界観に共感してくださっている。でも、僕らのような嗜好品の会社に勤めていなければ、なかなか仮装などできません。だから、僕の仮装に、自分の思いを重ね合わせてくれているんです。

また、ビールについて熱く語ってくださるお客様は「自己確信」を求めています。「これはホップを何グラムくらい使っているんですか？」「私、ワインも飲むんですが、このビールにはこんな特徴があるから私は好きで……」といった会話の奥には、自分の能力を高め、自分の選択は正しい！　という自己確信を求める心理があるはずです。

こう書いているといちいち分析しているようで、嫌ですよね（笑）。もちろん、僕は楽しんでいて、あとで振り返ると、そんな心理があったのかな、と思う程度です。

でも、やっぱり、この五つに惹かれているのは間違いないんです。

「癒し」は言うまでもなく、ビールの味や香りを楽しんで、日ごろ頑張っている自分に癒しを与えること。さらに「仲間をつくる」は、まさにイベントに参加し、同じ志向の仲間と出会うことを指しているのでしょう。


なかでも、覚えているのは北海道の公務員の方でした。普段は、自己主張するタイプではないらしく、礼儀正しい、どちらかと言えば物静かな方です。しかし、転勤になると利尻島や礼文島を希望されるらしい。理由を伺うと「誰も行きたくないところに行きたい」そうで、特性で言うと「マイノリティ志向」です。

さらに、引っ越しの挨拶やお世話になった人の御礼に、「よなよなエール」を渡すそうです。「何でですか?」と聞くと、「みんな知らないじゃないですか。私の一端を知ってもらおうと思って」とおっしゃる。

その方は、普段はまじめな方なんですが、本当は「知る人ぞ知るへんてこなビールが好き」な、おもしろい一面をお持ちなんです。そして彼は、自分が口に出せないことを、私たちのビールで表現していたのです。

思えば、僕ら社員も、ファンも、どうも「人と同じだと嫌だ！」という強い意志を持っているようです。例えば、野球ならジャイアンツのような人気球団のファンは少なく、自動車もトヨタや日産のような大メーカーの車に乗っている人は少ない。実は僕も、そうなんです。

講演のときにも話しますが、まず、テレビは観ません。八年間、テレビはウチにありません。あと、暖房は「薪（まき）ストーブ」です。薪を割って燃やすんです。そして講演で、会場に向け「僕と同じ人、いますか？」と話すんですが、ほとんど手が挙がらなくて、僕は内心「よし」と思うわけです。

マイノリティ志向で、ユーモアがある。そんな「仲間」たちが集まる場。

僕が、会場に登場した瞬間……いきなり「ウワァー！」という歓声が起きたのは、事前にそんな、共感の連鎖（れんさ）があったからなんでしょう。

乾杯してから、僕はみんなのなかに入っていきました。そして、ちょっと気になっていたことを聞いてみました。

「みなさんどこから来たんですかー？」

「大阪からイベントのためだけに夫婦で飛行機で来た」とおっしゃる方がいました。さらには、ある夫婦が向うで手を挙げてくれてるじゃないですか。

「お二人はどちらからですか？」

旦那様が答えてくれました。

「北海道からです」

「えっ!? 今朝の飛行機ですか？」

「いいえ、昨日の晩から宿泊して、今日はずっと飲むつもりですから明日帰ります！」

といっても、翌日は月曜日です。

「え、じゃあお仕事は？」

「夫婦揃って休んじゃったんですよね（笑）」

ざっと計算しても、飛行機代、宿泊代、月曜日の給料、それにこのイベントの参加料金四〇〇〇円を足すと、一〇万円じゃ絶対にきかない。しかも、僕が話していると、奥様がちょっと聞き取れないような声で何かおっしゃっている。あまりのガラガラ声だったので僕が近づいていくと、旦那様が……。

「いやいや、うちの家内、風邪ひいちゃいまして、いま、声が出ないんですよ」

「え？　大変じゃないですか。飲んでていいんですか？」

「いいんです。家内が『よなよなエール』が大好きで、絶対行くって言ってるし、もうあらかた治って声が出ないだけになったから来たんですよ。……あの、握手してやってもらえませんか？」

もちろん！　以外の答えはありません。すると奥様が、その美しさには似合わないかすれた声で「きゃー、てんちょー！」と言ってなんと抱きついてきました。

「うわっ……、あっ、すみません、旦那さん」

「いや、うちの家内はてんちょのファンですから」

どう反応していいかわかりません。

僕はそんな、幸福感の真ん中に放り込まれたのでした。

## お客様なんだけれども、もう仲間

イベントも大盛り上がりでした。特に僕は、ちょっと感動的な思い出として、記憶しているんです。

初回の出し物は「よなよなウルトラクイズ」。僕らのビールのことやメルマガのことを知っている人ほど勝ち抜いていけます。優勝者は「けいちゃん」。当時四〇代くらいの男性でした。

僕はさっそくトロフィーに「第一回優勝者・けいちゃん」と書いて、壇上に来てくれた彼に、記念品をお渡しした。すると、参加者が「けいちゃん！　けいちゃん！　けいちゃん！ウオー！」みたいな感じで盛り上がってくれたんです。

そしてけいちゃんは、二回目の「宴」のときは、奥様を連れて参加してくれて……、本当にうれしかったのは四年後のことです。

二〇一四年になると「いま、ヤッホーブルーイングが強烈に盛り上がっている」といった雰囲気があって、僕がメディアに出たり、講演をさせてもらったりすることが多くなっていました。

そして、イベントのほうは若手に任せていた二〇一四年の一二月、僕は日本経済新聞社に頼まれて、五〇〇人くらいの前で講演をすることになったんです。すると司会者の方が「どうやったらイベントがそんなに盛り上がるんですか？」と質問されたから、僕は「よなよなウルトラクイズをやって、優勝した人には賞状とトロフィーを差し上げて、すごく

感動しました」といった話をしたんです。

するとその日にメールが来て、「確かにあれは感動したよなー！　あれ以来『よなよなエール』はわが友です。初回参加者チャンピオンより」とあったのです。

僕はすぐに、メールを返信しました。

「ありがとうございます！　けいちゃんですよね？　僕もよく覚えています！」

すると、すぐに返事があった。

「メーカーにメールを出したことは何回かあるけど、お礼のメールがきたのは初めてだ」

僕、なんか、感動しちゃったんです。ビジネスを超えて、響き合えているという確信がありました。理由は簡単です。僕らの「チーム」は、社内を超えて、お客様にも広がっていたんです。

第一回の「宴」が終わって、帰りの新幹線に乗りながら、僕はずっとこの台詞ばかり言っていました。

「あー、今日は人生最良の日だ……」

放心状態です。本当に、これだけ仕事で楽しかったことはいままでの人生でなかったなと思いました。そして、僕はこうも考えていました。——僕らのチーム力が高くなかったら、とても、できなかっただろうな。

なぜって、北海道からいらした夫婦と僕との会話のようなことが、いろんな場所で起きていたはずなんです。

お客様は僕と話すことはなくても、メルマガを書いているスタッフと話せて、しかもあの盛り上がりだから、きっと満足してくれたと思うんです。僕一人で孤独な奮闘をしていたのであれば、とても、こんなことができるわけがありません。

しかも、お客様が喜んでくださって、社員は自分たちの社会的意義が、すとんと腑に落ちたようでした。みんなが「あの盛り上がりをつくり出せたら成功だ！」という具体例を共有できた。

あれこそ「ビールに味を、人生に幸せを！」を追求する「知的な変わり者」で、仕事を楽しみ、究極の顧客志向で……と僕らが実現したいことのほとんどすべてを兼ね備えていたんです。

しかも、僕らはこのイベントを繰り返し、チームは切磋琢磨を始めた。

アンケート結果で、あるチームの「非常に満足」「満足」が九三パーセント、ほかのチー

ムが九五パーセントだと、負けた側は悔しがって「次こそあっと言わせてみよう」などと案を出しているじゃないですか。

次第に僕は、意識しました。

僕はいつしか、最高にして最強の仲間ができつつあるんじゃないか？

しかも、仲間は目の前にいる社員たちだけじゃなかったんです。

イベントは、チームづくりの部分がありました。

まず、参加者に、友だち同士になってもらったほうがいいですよね。そこで「はい、ここは第一テーブルです」「ここは第二テーブル」とテーブルごとに分かれて座ってもらいます。次は「名札にニックネームを書いてください！」から始まって「じゃあ、自己紹介してください。あと、みなさんでチーム名も決めちゃってください！」とお伝えします。

すると参加者がワイワイと「どこどこから来ました○○です。○○って呼んでください。僕はこんなことをやっていて」とか話し始めてくれる。

そのあとは、チーム対抗でのゲームです。仮にテイスティング大会なら……。

「このなかに、キリンビールさんの『一番搾り』と、僕らの『よなよなエール』『インドの青鬼』があります。当ててください！」

といった感じで進行します。すると、チームのなかで「これは『よなよなエール』だ」「これは『一番搾り』！」などと盛り上がって仲良くなっていく。

もちろん、最初はちょっとカタい。でも、ものの三〇分もすれば、お酒の力もあって、みんな仲良くなります。最後は、もうメールアドレスを交換したりとか、じゃあ今度みんなで一緒に飲みに行こうと飲み会の約束をしていたりします。

すると、もうメーカーとお客様という関係でなく、社員も参加者も『よなよなエール』が好きな仲間」に変わっているんです。


すると何が起きるかというと……。

お客様がスタッフのような仕事をしてくださることがあります。

例えば、途中で酔っぱらいすぎちゃった方がいると、「あっちで休んでなよ」と介抱をしてくれる方がいます。もちろん、スタッフがやるべき仕事と認識していますが、大いに助かります。

さらにはイベント終了後に「よなよなさんたち、大変だろうから手伝うよ」と言ってく

ださることもあります。また、お帰りになる方に「この駅を利用する場合はこっち、この駅の場合はこっち」と交通整理してくださる方もいました。

僕らは最悪の時期、会社が崩壊寸前になるほど、悪い雰囲気を経験した。だから僕は「チームビルディング」に興味を持って、その必要性を確信し、実践した。すると、社員がチームになって、さらには、この感覚でイベントを運営してくれた。するとファンがチームになってくれた。

人生、やっぱり「それはちょうどいい」んでしょう。僕は独力でチームがつくれなかった。経営のことがわからなかった。だからこそ、会社を伸ばしていくことができたんです。

## チーム力で大ヒットした尖ったビール

こうして、僕らは会社の組織を進化させてきました。その一方で、このままでは、僕らの存在価値が危機に陥ることも予測していました。

僕は、社長就任のあとも、ネットで自社の評判をずっと調べていました。そして「よなよなエール」の人気が高まってくるにつれ、ファンから……。

「最近、ヤッホーは大手みたいになってきたよね」

「尖(とが)ってない」

といった声が出始めると予測していました。簡単に言えば、何か新しい取り組みがないとファンは物足りなさを感じてしまう。

だから、「ヤッホーバリュー」には「革新的行動」と「(造り手の)顔が見える」のほかに「個性的な味」という項目があるんです。僕らは早急に、新製品をつくる必要があったんです。

僕らは、チーム。だから、成功体験が僕個人にとどまることなく、チームのみんなに共有されていくんです。

具体的には「インドの青鬼」のほぼ三年後、二〇一二年の秋に出た「前略　好みなんて聞いてないぜSORRY」と「水曜日のネコ」で、この経験が活きました。

まず「前略　好みなんて聞いてないぜSORRY」です。

製造のみんなは、高い技術を持っていて、熱狂的なファンは、もっともっと尖った製品

を求めています。ならば、製造のみんなが一度つくってみたい挑戦的なビールを世に出してみよう、と考えて生まれた製品でした。

好評であれば何度も出してみよう、と思っていて、第一弾でつくったビアスタイルは「米麹（こめこうじ）ＳＡＫＥ仕立てストロングエール」。米麹と酒粕（さけかす）を加えたビールでした。

さて、このビールをどう売っていくか。

僕はこれを、チームで進めた。ところが、おもしろいことにほかのメンバーも、最初は過去の成功例をなぞってしまうのでしょう。日本的な要素を入れよう、という絡みのなかで「歌舞伎エール」「カブキックス」などという製品名の案が出てきました。でも、これは個人的に悪くはないがいま一歩だと感じていた。もっと、いたずら心に満ちた製品コンセプトは伝えられないものか……。

そこで僕は、「こういった奥行きがあるコンセプトを伝えるときに使ってみたい」と思って注目していた製品を思い出したんです。

それは、桃屋の「食べるラー油」。あの製品、本当は「辛そうで辛くない少し辛いラー油」という名前なんです。そこで、僕は「いまの路線でいいけど、一回だけ長いネーミングにチャレンジしない？」と話しました。

さらには、「じっくりコトコト煮込んだスープ」という製品の例もひき、「一度、使ってみたかった」と話してみたんです。

すると、みんなが検討してくれ、そのなかに僕の目を引くものがありました。

「男ならビールだろ。女でもビールだろ。いや、男女問わずビールだろ」

「好みなんて聞いてないぜ」

特に後者はスカッと僕らの気持ちを表していていい、と思いました。

ただし、上から目線で言っているようでもあり、これは僕らの社風に合いません。なら、生意気なことを言って「ごめん」と謝ろうか。でも「好みなんて聞いてないぜごめん」では語呂が悪い。そこで「英語ならいいかも」と考え「好みなんて聞いてないぜSORRY」となった。

また、ほかにみんなが大ウケした製品名があった。

打ち合わせの直前にスタッフが雑談で「このビールって、呪われてるよね」と笑っていたんです。どういう話から「呪い」が出てきたかわからないのですが、呪いという怖いイメージの言葉も笑うことができるんだ。「ビール屋の呪い」というのはどうだろう？　お

もしろそう。でもこれだけだと響きに怖さがあるな。何か怖さを払しょくできるアイデアはないかな……例えば「前略」と入れるとどうだろう？

「前略、ビール屋の呪い」

わはははは！　この名前を見た仲間が大ウケしてくれました。

僕は単純に「前略」とつければ怖くなくなるかな、と思ってつくってみたんですが、「前略」がなんともいい。中身が相手のことなんか全然聞いてないのに、「前略」って、手紙の形式だけは大事にしているミスマッチ感が笑える！

でも、やっぱり「呪い」は内輪ウケでしょう。でも、「前略」って何に付けてもいけるんじゃない？　ということで、ついにこの三つがくっついた。

「前略」「好みなんて聞いてないぜ」「SORRY」。

わはははは！　誰かが「いや、これ、絶妙に失礼じゃないですよね。前略で、SORRYなんだから！」と言うと、また笑いに火がついた。

そしてこんな体験をしながら、僕らはチームとして「ネーミングとはこういうもの！」という共通認識を得ていくに至ったんです。

実は、余談があります。僕は発売前、星野にこの製品を出すと知らせていませんでした。彼は忙しいし、何か見せると校正もいっぱい返ってきます。でも、発売してしばらく経てば、当然、星野はこの製品を見つけます。さっそく、説明を求められました。

そして、僕がコンセプトとデザインとネーミングについて話すと、彼は真剣な顔でうなずき、短く……、

「いい。すごくいいよ！」

と言った。

星野は、いろんなことが衝撃だったようです。そして僕も、同時期に、この路線で大ヒットを生むことになります。

## おじさんはターゲットじゃないんだから！

僕らのラインナップには女性向けの製品がありませんでした。そこで、いま女性に何が人気か調べてみると、「ホワイトエール」という、ベルギースタイルの小麦を使ったビールが人気とわかりました。

小麦を使っているから、味が優しいんです。そこで「ヤッホーがつくるとベルギースタイルはこうなる！」と言える製品をつくろうと考えました。

もちろん、チームで開発しました。この頃になると、社内に向けて「ぜひ、女性に手伝ってほしい」とアナウンスするだけで、何人も手が挙がります。

最初にやったことは、ターゲットの決定です。僕らは、資生堂の「TSUBAKI」のCMに出てくるような都会で働く三〇代の女性を想定しました。周囲の女性から、どんな生活をしているのか興味を持たれ「彼女の習慣を取り入れてみたい」と思われている女性です。

では、このタイプの女性はどんなときにお酒を飲むんでしょう？　調査の結果は「そもそもあまりビールを飲まないらしいよ」でした。僕は思わず「そうだよね」と納得し「じゃあ何を、どんなときに飲んでるのかな？」と聞きました。

するとチームの女性の一人が「インタビューの結果、週の真ん中くらいに、低アルコール飲料を買って、また明日から頑張ろうって一息つく人もいます」と言う。大多数ではないにせよ、同じような声もあったらしい。ならば、潜在需要はあるかもしれません。

と、お伝えすると、まるで僕らがここまで、比較的すんなり進んできたように思えるかもしれません。しかし、その奥にはまた、チームになるための悪戦苦闘があったんです。

まず、僕はマーケティングを体系化できているわけじゃありません。時には、ずいぶん遠回りもしながら、ここまで来ました。しかも今回は、製造現場とマーケティングチームで意見が割れました。

製造側は「このビールはうまくいかない！」と、そもそも製品化に大反対しています。ベルギービールは、麦汁を濾過せず、かすかに濁りが残るのが特徴だと言います。でも僕らの施設は濾過するようにできているから濁りは生まれません。濾過しようがしまいが味はいいものができるのに、製造側は不満で、なかなかやる気になってくれません。

サボっているのでなく、やりたくないことは優先順位が落ちてしまうんでしょう。これぞまさに「チームになれていない」状態です。このとき、僕は製造側の意見を聞き「そんなマニアックな志向はターゲットの女性にはないよ！」と思っていましたが、埒があきません。

もちろん、会社によってはトップダウンで決める、多数決でパッと決める、といった方

法で進めてしまうこともあるでしょう。

でも、僕らはそうはしない。全員の合意形成ができていないと、チーム力は半減してしまうと知っているからです。

そこで、僕らは「データで示すしかない！」と考え「ネット上や飲食店でベルギーのホワイトビールを飲んでおいしいと言った女性が、どこを評価しているか」という膨大なデータを収集しグラフ化しました。担当者が忙しいなか、幾日もかけ、延々とデータを集めたんです。

結果は「苦くない」「フルーティ」といった声が大多数で、「白い」が六パーセント。そして「濁り」に言及している人は一人もいなかった。

これを見せると、製造側も納得して、マーケティングの担当者に「このデータ集めるのに何日かかったんですか？」「えっ、そんなに！　いや、申し訳なかった」などと言っています。僕が「ほら、あなた方のような男性やおじさんはターゲットじゃないんだから（笑）」と言うと、一件落着。

こんなチーム化を、現場同士でやって、社員に体感してもらうことがミソなんです。社員たちは今後、放っておいても、チームを大切に仕事をするでしょう。そして、みんなが同じ方向を向いている組織と、チームになれなかった組織に、どれだけ大きな落差があるかも体感してくれるでしょう。さらには、一つのチームになって進んでいったからこそ全員が達成感を味わえる、ともわかるでしょう。

もしも合意をとらずに進めていたら、製品が売れても、製造側には「俺たち、本当のことを言うとこの製品はつくりたくなかったんだよね」などと後悔が残るはずです。

少々、余談がすぎました。

そんなわけで、ターゲットを設定したら、次に、ターゲットの心を動かす製品設計を考えます。では、女性は何にホッとするんだろう？ 調べると、ろうそく、アロマ、自然、ネコ、とさまざまな意見が出てきます。

そのなかで、僕は直感的に「ネコ」がいいと思っていました。もちろん、アロマもろうそくもいいんですが、みんなが体験しているとは限りません。でも、ネコやイヌって、多くの人が遊んだことがあるはずだし、ビールメーカーはまだ、テーマにしていません。

と、こんな経緯で誕生したのが「水曜日のネコ」。

僕は、マーケティングに正解はないと思っています。でも、このビールもすごく売れています。そして僕らは、次に、こんな製品開発と、チーム力が融合した大ヒットを出すことになるんです。

## 「宴」が生んだ新たな悩み

そのあとも僕は、忙しく社長業を続けていました。

就任直後は、対前年比一〇二パーセント、一〇四パーセントの伸びと、僕はギリギリ増収増益を果たしてしのぎました。しかしチームができあがると、そのあとは、一三〇〜一四〇パーセントの伸びを記録しています。これが多忙でないわけがありません。拡販、製造、製品開発……、僕の判断が必要な場面も数多くあります。

さらには、僕などで恐縮なんですが、仮装したり、ヘンな会社にしていったおかげで、取材や講演の依頼も増えてきました。

僕らは、僕らであることを全開に、走り続けていたんです。

さらに二〇一三年、僕らは東京にお店を出しました。赤坂や神田など都内にあるよなよなエール公式ビアバル「YONA YONA BEER WORKS」です。その後は「宴」もここで開催できるようになりました。飲食店のプロであるワンダーテーブルのみなさんに僕らの理念を理解していただいて所有と運営はお願いし、僕らはビールを提供しています。おかげさまで、ご予約をいただかないとなかなか入れない人気店にもなっています。

そんなこともあり、ますます僕は忙しくなってしまった。

ファンと触れ合いたいのに、それができる時間がない。

やっぱり、あの時点でチームビルディングをやっておいてよかった。チームになっていなければ、人に任せきれず、任せても前に進まず、僕らはとっくの昔に空中分解していたでしょう。

そんな状況のなか、僕は新たな悩みを抱えていました。

イベント「宴」についてです。会場を赤坂の「YONA YONA BEER WORKS」に移しても八〇人くらいしか入りません。うれしいことにファンは増え続けていて、参加したくてもできない方がいます。でも、僕らの企業体力では、週に一度、二度などという高頻度では開催できません。そこで、もっと少人数のスタッフで、もっと多くのお客様に楽しん

でいただける工夫はないか、と考えたんです。

そんななか、僕はある会社の事例を知った。洗車グッズを販売しているお店があって、ネットでみんな一緒に洗車をするイベントを開催していたんです。

例えば「次の日曜の朝一〇時に、みんなで洗車しよう！　その風景の写真を送ってください！」と仕掛けると、雨のなかで洗車してくれるユーザーまでいる。しかも、ショップの方も一緒に洗車していて、ユーザーから送られてきた洗車風景の写真はネット上の店舗に飾られ「つながっている」という感覚が持てるイベントです。

僕はすぐ「これだ！」と思いました。ビールだって、みんなでつながって飲むほうがおいしい。しかもネットなら、一万人でも一〇万人でも参加できるじゃないですか。

## ローソンでカエルを捕まえて！

最初は試験的に「YONA YONA BEER WORKS」で、僕らのスタッフがしゃべりながら飲む企画を、ネット生中継サービスのユーストリームなどで実施しました。

それがなかなか好評で、次は僕も加わって「よなよなリアルエール」の発売三周年記念イベントを実施しました。機材は、お父さんが子どもの運動会に持ってくるようなビデオカメラだけ。でもお客様は、僕らが「カンパーイ」と飲み始めると、ユーストリームのコメントにも「乾杯！」「かんぱーーーい」などと書き込んでくださるんです。

もちろん、未熟な部分もありました。しかし、これは仕方ありません。音声が途中で聞き取りにくくなったり、画像が止まってしまったり。しかし、これは仕方ありません。いきなり大金をかけて機材を揃え、リハーサルするより、まず、やってみることが大切だったし、それでウケればだんだんと慣れていけばいい。

そしてこの企画は、慣れてきた三回目でブレイクしました。

一～二回目は、売り上げに結びつくことはなかったんです。実施後にデータを見ても、イベントの前後に売り上げの変動はありません。

しかし三回目、ローソンと共同開発して全国のローソン酒販店だけで販売した「僕ビール、君ビール。」の新発売記念イベントを実施すると、なんとローソンの方が「販売初日にこれだけビールが売れて、お客様の反響があったのは記憶にないよ！」と言ってくれるくらい盛り上がったんです。

「僕ビール、君ビール。」は「セゾン」と呼ばれるビアスタイルで、新鮮な若い果実のような香りが特徴です。最大の特徴は、若年層向けであることでしょう。ネーミングは、若い世代に「これが自分たちの世代のビールだ」と感じてもらえるよう考えたもので、缶のデザインには、帽子をかぶったカエルのイラストが描いてあります。

カエルは、笑わず、怒らず、あせらず、他人に気を遣わせるような表情は見せないまま、でもセンスがいい帽子をかぶっている。これは「フラットな仲間とのつながり」を大事にする若い世代の価値観を表現しています。ちょっと個性的、かつマイペースで、センスのいい友だちのような存在をイメージしたものです。

この製品の発売日、ユーストリームで僕らが飲むわけですが、一つだけ工夫を加えました。僕らは一回目から「視聴者にも参加してもらえる仕組み」を取り入れたんです。

それは、缶のカエルのイラストにちなんで「カエルを捕獲してもらう」というイベントです。しかも、フェイスブックやツイッターやユーストリームに「東京都新宿区で捕獲！」などと報告が入ると、国会議員の選挙開票中継みたいに、地図にバラの造花を飾るようにしました。

このとき、僕はほとんど事前の準備に加わりませんでした。

チームの面々が、ＳＮＳや、僕らのサイトや、楽天で「いつから捕獲作戦をやります。ツイッターの場合は『＃かえるビール』というハッシュタグをつけてね」などと伝えているのを見ていただけです。

しかもイベント当日も、僕は打ち合わせで朝から夜の一〇時くらいまで会議室にこもっていて、進行はチームに任せきりだったんです。

これがよかった。もし僕だったら「カエル捕獲」というイベントを思いついたかどうかわかりません。チームの面々が、その人の感性や個性で盛り上げていったんです。

だから、僕が騒ぎを知ったのは深夜でした。

もちろんイベントのことは気にしていたんですが、このときは本当に「あ、すごいことが起きたんだ」という感じでした。

僕は深夜の一二時を回った頃、風呂をあがって、食事を終えメールチェックをしていました。すると「すごい状況です！」と報告があって、僕は映像やＳＮＳを見るうち、眠れなくなってしまった。

まず、反応がすごい。僕らがざっと勘定するだけで、少なくとも五〇〇人以上動いてくれて「豊島区で三匹捕獲！」とか「名古屋の緑区のローソンで買いましたー」などと報告をくれるんです。なかには「買い占めないように三店舗に分けて合計一六匹捕獲！」という報告もありました。

五〇〇人の方が平均三本くらい買ってくださるだけで、一五〇〇本。しかも、これは少なめに見積もっています。報告はしないけど購入してくれた方もたくさんいたんでしょう。それに、ネット上でこの反響を見た方は投稿してくれたファンの何倍、何十倍もいたはずです。そしてその反響を見て購入された方もまた数多くいたはずです。

それは、翌日、ローソンの方からの報告によっても明らかになりました。

まず、ローソン史上で記録にないほど、お客様からの反響があったと言います。さらにはこのプロジェクトの担当者の方が、お客様の熱い反応を見て「感動して涙が出た」と言うんです。

「ローソンで仕事をしていて、こんなにお客様が動いてくれて、いろんな感想を聞かせてくれるのは初めてです」

なんと、彼は、僕が「宴」で感じたような何かを、このイベントで共有してくれたんです。それは、僕らというチームが、ファンを巻き込み、さらには販売店をも巻き込んだ瞬間だったかもしれません。

これをきっかけに、僕らはローソンと一体感があるチームになることができました。担当者の方は「クラフトビールを飲むならローソン、という文化を創りたい」とまでおっしゃってくれました。

それこそ、僕と星野が激論した「小売店がメーカーや製品を育てる」という「絵空事（えそらごと）」が、ここで実現してしまったんです。こんなことは初めてです。

報告を聞いた僕も、少し目が潤みました。

長い目で見てもらえ、文化を育んでもらえる。それは、「地ビール」ではなく「クラフトビール」の文化を、一緒に日本に根付かせていこう、ということを示しています。僕らはまさに、それぞれの個性を認め合いながら、しっかり合意が形成されている「チーム」になれたのです。

しかも、お客様のおかげで。

# めざせ！　世界平和

こんな経緯で、僕は大きな夢を持つようになりました。

僕が社長になったばかりの頃、社員数は約二〇人。自ら動かず、他人任せ。みんなでやる仕事には消極的で、目指す方向はバラバラ。

みんなが頑張っていなかったというわけではありません。でも、みんなどうすべきかわからなかったし、リスクを冒し、常識を破ってまで変えていこうという発想や勇気までは持っていなかった。ただ、そうしないと将来はないと信じ、人生を賭け、ぶつかっていったのが、バカを脱したかった僕だったのです。


まず、勉強を始めました。ＭＢＡの通信教育です。

ネット通販の担当になりました。楽天大学に通いました。

チームをつくるために、チームビルディングプログラムに行きました。

製品のネーミングやデザインを自ら勉強し、やりました。

常識を破ってみせました。仮装をしてのＰＲ、ニックネーム制、売り上げにつながらないくだらないネット企画、さらには年率四〇パーセントの成長計画を立案し、そのペースを死守しました。

僕はこの過程で、重要なことを学びました。


誰かに期待してもダメだ!

まずは、自分が挑戦しなきゃダメだ!

他人や会社に頼る前に、まず自分がやろう! 自分が変わろう! と思うことが大事だったんだ!


決して「仕事を自分一人でやる」という意味ではありません。

自分が変われば、組織が変わるんです。

自分が変わらなきゃ、いっさい、何も始まらないのです。

ここまでは、いままでのストーリーからわかることかもしれません。

そしてこうも思うのです。

自分が変われば、それが仲間に波及する！
みんなが変われば、市場が変わる！
市場が変われば、世界が音を立てるように変わり始める！

僕は、自分が変わって、チームをつくるうち、社員が幸せになっていく姿をこの目で見ました。僕らだけでなく、ファンも幸せになったのではないかと思います。さらには、取引先も。

とすると……、いつか、もっと大きな世界を幸せにすることができるのではないか。
個性を伸ばし、出る杭をどんどん伸ばし、同時にチーム化を進めると、常識を超えた企業文化が生まれます。この企業文化はイノベーションを起こします。イノベーションは、究極の差別化です。差別化の先には、競争のない社会があります。

もっともっと、できることがある！

例えば、ヤッホーブルーイングは女性や、家庭にいろんな事情があるスタッフも働きやすい職場にしたいと心から思っています。実際に、僕はこれも、他社の事例などを参考に、学び始めています。

そして僕は、いま、とても大げさではあるのですが……。

いつかきっと、ビールで世界を平和にできる、と本気で思っているのです。

# エピローグ

## 人生に幸せを！

僕はその後、もっともっと多くの人を幸せにするため、ある計画を練っていました。

「二〇二〇年に全国のドーム球場の縦断ツアーを実施！」

僕は、「引き算の経営」を意識しつつ計画実現への道筋を考えました。

ドーム球場一つでも、一万〜三万人は集客が必要です。なら、二〇一九年には一万人くらいのイベントは開催しておきたい。二〇一八年には五〇〇〇人。すると二〇一五年には最低、一〇〇〇人くらいのイベントは開催していてしかるべきなんです。

僕は、この計画を発表しました。すると、社員の多くは腰が引けています。

現実は、僕らみんなが、ヒト、モノ、カネという限られた経営資源を使って、ようやくの思いで「宴」を実施していたんです。

一回あたり、お客様は約八〇人。一年間で計算すれば八〇〇人。と言いたいところですが、実際は同じお客様が複数回参加されている場合もあるから、現実は四〇〇人くらいでしょう。ここから、一回あたり一〇〇〇人、一万人規模のイベントとなると、何をすればいいいか、何に備えればいいか、実際に何が起こるか想像もつきません。

でも、僕はこれでいいと思いました。飛躍は、時に夢と引き算の経営を重ね合わせ、生まれるんです。

まず、大きな夢を持ちます。僕らの場合なら、例えばドーム縦断ツアーです。

次に、引き算の経営をします。この場合は、何年に何人規模のイベントを実施していく、という案です。すると、いままでとはまったく別のやり方をするしかない。飛躍は、そんな瞬間に訪れます。

仮に、ある工場で、一〇人で一日あたり一〇〇個、手作業で製品をつくっていたとします。これを「一一〇個にしよう！」と言い出すと、みんな、頑張る。生産を効率化したり、人海戦術を使ったり、時には無理をして残業したり……。

でも、そこに新しい工場長が来て「一日あたり一〇〇〇個にしよう。新たな人は入れないでほしい。その代わり、予算は使っていいよ」となると、人は考える。「改善」じゃ、もうどうしようもなく、一気にイノベーションを起こすしかない。すると「電気を使って機械化してしまおう！」などと飛躍の瞬間が訪れる。

そしてベンチャーは、一〇二パーセント、一〇四パーセントの伸びでなく、飛躍に飛躍を重ねなければ未来はないんです。

そんなわけで僕は、中途社員二名を含む新入社員六人に「一〇〇〇人規模のイベントを企画実行する」というお題を出しました。僕らは新人研修のとき、大きなお題を出して、一カ月後に全社員の前でプレゼンしてもらう、というプログラムを実施します。そのお題に「一〇〇〇人規模の宴」を選んだんです。

そして、プレゼンの中身は、なかなかよかった。そこで僕は、この新人研修のチームをそのままプロジェクトチームにして、実現してもらうことにしたのです。

その間、僕は何をしたか。

実は、ほとんどチームのメンバーに任せきっていました。

メールのやりとりは、僕もたまに見ていました。そして「重要な意思決定をするときは声をかけてね」「すごくお金をかけるときは相談してね」と伝えていました。

実は、失敗もありました。東京都内の会場を押えたのですが、保健所の許可が降りず、イベント実施は不可能になってしまったんです。すると、キャンセル料で数十万円かかってしまった。

出費よりも痛かったのは、僕が計画をひっくり返したときのことでした。

結局、東京ではなく地元に近いキャンプ場で実施しようと決め「ならば一泊二日のイベントにしよう！」などと話が盛り上がったときのことです。チームのみんなは「夜はどんなイベントにしようか？」と盛り上がっています。

僕も、どんな計画が出てくるかな、と思いかけましたが……、その瞬間、ふと、自分の立場でないとわからないことに気づいたんです。

僕は、リスクに注目しました。

もしここで、お客様に夜中までお酒を出したら、どうなってしまうのか。もし、へべれけになった人が崖（がけ）から落ちてしまったら？　もし、道路に出てトラクターにひかれてしまったら？　申し訳ないのだけれど、日没前に酔いをさましているくらいでなければいけ

ません。

チームのメンバーは、一気にネガティブになってしまいました。

「お客様の満足度が下がってしまいます」と言うし、なかには「一番リスクがないのはイベントをやめることです」と言う人もいました。

「飲むかどうかは自己責任じゃないんですか？」という声もありました。でも、夜までお酒を出して「お客様の自己管理が問題でした」は言い逃れです。むしろ、お酒は午後四時まで。夜に向けては酔いをさましてもらい、お酒なしでも楽しめるイベントを考えるのが、僕ら主催者の腕の見せどころだと思いました。

仮に不祥事が許されるなら、それは本当に不可抗力だった場合のみ。僕らは、不祥事で一発退場をくらうわけにはいかないのです。そして、チームのみんなも、最後は理解してくれたと思います。

さて、そんなことこそありましたが、ほかは順調、そして二〇一五年五月の、新緑がまぶしいよく晴れた日、北軽井沢スウィートグラスという浅間高原の広大なキャンプ場で、イベント「超宴」は開催されたのでした。

最初は、醸造所直送の「よなよなエール」で乾杯、そしてミュージックライブと、二〇〇七年に製造した「ハレの日仙人」争奪ウルトラクイズ。午後四時からは麦汁づくり、午後六時からはキャンプファイヤーと、盛りだくさんです。

そして、懸念だった夜も何も起きず、朝は六時から散歩とリラックスヨガ。僕は両方に参加しました。散歩にはプロのガイドさんが同行してくれ、自然にまつわるエピソードを教えてくれます。「はい、この植物はなんでしょう?」などとクイズが出ると、僕は自分の立場を忘れ「はい、はい! ウドです!」などと答えてしまいました。

僕が感心したのは、スタッフが最後、僕らがつくった看板などの多くを、お客様へ売ってしまったこと。たしかに、お客様にとっては記念品になるし、僕らも倉庫がいっぱいにならないから一石二鳥! なんですが、僕は「よくこんなモノが売れるなー」と驚きとおもしろさを感じました。

そして、午前一一時に閉会式を迎えました。

最後、スピーチをするのは僕の役目です。

さて、何を話そうか……。

「きょう、みんなありがとうございます。実はこれ、もう二年くらいかけて準備をしていたんです。紆余曲折ありまして……」

チームのメンバーの苦労が目に浮かびました。

例えば、リーダーの「さあや」。彼女はまだ新卒で入社したての若手社員で、明るく、人を惹き付ける力がある子です。一生懸命さで、年上のスタッフにも協力してもらっていた。それどころか、僕は知らなかったんですが、事前に、長野県外でありながら協力してくれる会社の方たちを訪ね、参加の御礼を言って回っていたんだそうです。僕は外部の方から「こんな丁寧な子はなかなかいないね」と言われたことを覚えています。

そして「モカ」。彼はいまもうディレクターになっていて、いわば「陰の立て役者」でした。彼は僕が夜のイベント計画をひっくり返したときも、ものすごく落ち込んでネガティブになっていたけど、数日後にはすっかり回復して「へこんでしまってすみませんでした。でももう大丈夫です！　みんなを盛り上げていきます！」と、いつもどおり超元気に活動を再開してくれた。落ち込む周囲を、「やらないより、やったほうがいいじゃない！」と勇気づけてもいたらしい。

さらには「しょこたん」。アスリート並みに自分に厳しい。彼女のようなメンバーがいると、チームははっきりとまとまりを持ちます。どれだけ残業があっても、自分が受け持った仕事は絶対やる。彼女は、どれだけ忙しかろうと、絶対やってくる。

不意に、涙がこぼれました。


深夜でも、メールが回ってくる。

「ここの準備、人、足りてますか？」

「時間がないです。みんなで手伝ってもらわないと」

この年も、僕らは過去最高の売り上げを更新していました。更新というより、対前年比四〇パーセントの伸びです。通常の仕事でも、残業が多い。特に「超宴」の前はみんな疲れがありありと見えていた。でも、弱音を吐かず、泣き言を漏らさず、お互いを叱咤激励し、お互いが頑張る姿に感動していた。

僕はこれこそ「自分たちがやろうとしていることを自らやっている人の集団だ」と感じました。もし、僕が「やれ！」と強制力を働かせていたら、さすがにみんな「やってられ

ません」と言ったでしょう。

僕の頭の中に、瞬時に、みんなの悪戦苦闘するさまざまなシーンが浮かんできました。

実を言うと「超宴」の初日、僕は古くからのファンに、声をかけてもらっていました。一九九八年、地ビールブームの頃からのファンの方です。彼は僕を見つけると駆け寄ってきてくれ「昔から応援している身になってみると、夢のようだね」と言ってくれた。

僕にとっても、歩んできた道は、夢のようでした。

というより、僕はなぜ、ここにいるのか。

僕が、バカだったからですか？

それは大きいでしょう。僕は、いろんな本を読み、セミナーに行くと、講師の方たちがおっしゃったことを、乾いたスポンジが水を吸収するように学び取りました。きっと、僕はバカだ、何も知らない、という情けなさがあったからです。

でも、それだけじゃない。

師匠が優秀だったからでしょうか？

それも大きいです。僕には、二人の師匠がいました。一人目は、言うまでもなく星野です。二人目は、三木谷さんをはじめとするＩＴ企業の経営者たち。僕には、星野の経営論、組織づくりの血が流れ、同時に、ＩＴ業界の速く激しい血が流れていました。だから、古いビール業界で、世の中的に正解とされていることとはまったく違う発想による事業ができたのでしょう。

でも、それだけじゃない。

運でもない。責任感でもないでしょう。

大変、失礼なことを言うかもしれません。僕は途中で気づいたんです。

星野も、三木谷さんも、神様なんかじゃない、ということに。

だから、多分、ここにいる。

## 僕にできることは、あなたにもできる

話は二〇一二年に戻ります。僕は楽天のショップ・オブ・ザ・イヤーを獲得した記念にアメリカ研修をプレゼントされました。

なかでも、楽天の有名店の社長たちとともにシリコンバレーを訪ね、エバーノート日本

法人会長の外村仁さんの講演を聞かせていただいたことが印象に残っています。

僕は、もちろん、神様みたいな人だと思って話を聞きました。しかも話の内容は、まさしく目からウロコ。ところが、こんなことをおっしゃるのです。

「みなさんは、日本のＩＴ業界を代表していらしているんですよね。ちなみに私、こんなところで話していますが……」

笑顔で、こうおっしゃった。

「言っちゃなんですが、たいしたヤツじゃないですから（笑）。私いま、シリコンバレーに来て英語しゃべってますが、昔は話せなくて、社会人になってから必要に迫られて勉強したんです。学校でも成績はあまりよくありませんでした。たいしたことないでしょ？」

そのあと、こんなことを言ったかもしれない。

「そんなたいしたことない僕が、なんでいまの自分になれたのかと言えば、そのときの実力がどうであれ……。私はアイツにできるなら僕もできると思っていました。だから、外村にできるなら僕にもできる、三木谷にできるなら僕にも、と思ってほしいんです。いま、うまくいっている人たちを見渡すと、みんな、そういう感覚ですよ。みなさんは日本の代表できているわけだから、絶対にできますよ！」

これを聞いたのが二〇一二年のこと。と言っておいてなんですが、僕は、この話を聞いたか、記憶が定かではありません。あまり印象に残らなかったんです。ただの謙遜(けんそん)に聞こえたのかもしれません。

ところが、僕は連続してショップ・オブ・ザ・イヤーを獲得し、二〇一三年にもアメリカ研修に行くことになった。そして、このときの講演が、たまたま同じ外村さんだったんです。そして僕は「この話、覚えがあるような」などと思いつつお話を聞き、前出の部分に至ったとき……、心に響いた。急にタガが外れた。

僕は、星野や、究道さんや、宮井さんや、楽天創業メンバーの小林さんや、その後は外村さんと付き合って、これら偉大な人たちに共通するものを見つけていたんです。

言われてみれば、みんな、実は神様なんかじゃなかった。

僕と同じように、迷ったり、失敗したりして生きてきた等身大の人間でした。結果としてはすごいことをやっているけれど、最初からすごかったわけじゃない。

僕は、外村さんの話を最初に聞いた（であろう）とき、ここまで響きませんでした。でも、二回目に聞いたとき、完全に、腑に落ちた。

僕はそれまで、「きっとできる！」と自分を言いくるめようとしていました。

でも、僕は外村さんの話を聞いて「アメリカの何かを日本で流行らせることならできる」と自分に言い聞かせる必要性を感じなくなった。

あの人たちにできるなら、僕にもできる。そう思うようになったんです。

僕はその後、楽天のイベントでトークセッションを頼まれ、壇上に立たされたとき、楽天を代表する店舗の社長が居並ぶなか、こんな話をしたくらいです。

「いま、こちら側に並んでいる人たちには失礼ですけど、最後に言いたいのは……。ここに並んでいる人たちもたいしたことないから（笑）、数年前は、そっちに座って話を聞いてたから！」

そう、いろんな人に会ってきたけど、あいつにできるなら、僕にできないわけがない！と僕はわかってきた。

だから、奇跡の成長も、業界初の挑戦も、売れるネーミングも、ローソン史上異例の反響も、「超宴」のような大イベントも――、簡単ではないと思うけれど、真剣に取り組めば、できる。

僕は、それが言いたくて、ここにいるのかもしれない。

……と、例のごとく「超宴」の壇上でそこまで深く考えたわけじゃまったくないのですが、僕はこのとき、「感無量」という言葉どおり、僕が感じてきた無量とも言えるさまざまなシーンが去来していて、僕はあふれる涙をなんとか止め、再び話せるようになるまで三〇秒ほどかかってしまったのでした。

そのあと、僕らとお客様は、目にしみるような青空に、色とりどりの風船を一斉に飛ばし、翌年の再会を願いました。

お客様がお帰りになったあと、自然とスタッフを胴上げする流れになって、僕は再び感動して、真っ白になって、素敵な仲間たちと一緒に、それぞれが何年かの努力の結末を見る、というとても贅沢(ぜいたく)な一日を終えたのでした。

そして、このあと……。

僕は星野とは、相変わらず、会っていません。先日来たメールによると、彼は小売店に

行って「よなよなエール」を目にすると、フェイス（ロゴが書いてある面）がお客様のほうを向いているかチェックし、そうなっていないとクルッと回して正面を向けるそうです。もしかしたら、彼は僕よりももっと、くだらないことが大好きなのかもしれません。

究道専務とは、二カ月に一回くらいは報告の会議を持つことになっています。ところが、忙しいとお互いが放っておきます。先日も「半期の業績の資料をメールで送っておきますね。何かあれば言ってください」と連絡しました。専務は、シャイなんです。メールに、「業績も好調なようでなによりです」と書きつつ、「それはともかく、この資料の何ページ目のこの利益の額ですが……」などと細かい部分まで見ていてくれるあたりが、また専務らしいと思います。

宮井さんは、退社されてからいままで、二度会いました。一度は、連絡を取って飲みに行きました。僕はこの本のなかでは、まるで宮井さんといつも言い合っていたようになっていますが、僕らの間には、根底に信頼関係があるからそうできたんだと思います。そして飲んでいるとき、宮井さんは相変わらず、自然と会話に知的レベルが高い言葉を使っていたけど、僕は、いまの自分がすんなりわかることに気がついた。僕のなかでは、いい意味で、「すごい人」から「僕もなることができる生身の人間」に身近に感じられる存在になった一人です。

その後、偶然ばったり銀座で出会って、この本のことを話したら「本名？　いいよ、いいよ！」とおっしゃってくれましたね。なので、いまはもうヤッホーブルーイングの社員じゃないけど、遠慮なく本名で書かせていただきました。

そして、三木谷さん。最初は、仮装にどん引きしていたと思いますが、最近は僕に「今度はどんな格好？」と聞いてくれていること、この場を借り、お礼を言いたいです。インベーダーの仮装はかなり引いていたようですが、あのあと、いろんな人にこの話を楽しそうに広めてくれたこと知っています。本当は三木谷さんもお茶目なんですね。

みなさん。僕の周りの、ほんの少し前まで、別次元の人たちだったみなさん。

心から感謝しています。僕に出会ってくれたことに。

# 構成者あとがき

実を言うと、この本の製作には長い時間がかかっています。取材は、口述筆記者の私が質問し、井手さんが答えるかたちで進んでいきます。私は井手さんを「成功した経営者」ととらえており、その足跡を聞いていきます。しかし、私が草稿を送ると、後日、井手さんはつぶらな瞳（失礼！）をまっすぐこちらに向け、悲しそうに言いました。

「全体的に、自慢話のようになってませんか？」

すべて書き直しです。しかし、思い出すだけで涙が出てきそうになるのですが、井手さんは分刻みの多忙のなか、何度も何度も、私に話をする時間をとってくれました。

そして、十数回の取材を終え、井手さんがほとんど口述を終えた瞬間でした。私が「まだ心の中に残っていることはありますか？」「この本を読んだ人へのアドバイスなどは？」と質問すると、何かの蓋（ふた）が開いたかのように決定的な話が始まりました。

それが、最後の「誰にでもできる」というくだりです。

取材対象者は、話しながら同時に、頭の中でさまざまな思い出をまとめていきます。そして、話す前はまだ曖昧(あいまい)でふわふわしていた思いを、凝縮し、光沢を持つ金属のようにして出すことがあります。井手さんが話すうち、ようやく、私は感じ取りました。

この人は、自分が石ころであることを話そうとしているのだと。

人は、学んだり遊んだり働いたりするうちに磨かれていく。「これならできるかも」「意外と楽しいじゃないか」などと考え始める。そして人は、ドキドキしながら何かを始める。すると、必ず自分の思いどおりになるものと、そうでないものを経験する。

だが、思いが強いのか、へこまず歩むと何かが見える。強くなっていく。チームを組むうち、人を動かすためにも、ビジネスをより成功させるためにも、最終的には社会に貢献すること、この世界をよりよくすることを目標にすべきと考えるようになる。例えば、松下幸之助翁、稲盛和夫さんのような存在です。

大阪の松下幸之助記念館に行くと、彼は功成り名を遂げ、最後、自分が見た景色を、あらん限りの思いで後世に伝えようとしていることがわかります。彼はその時点で、お金などいらなかったでしょう。ただ、「自分がたどり着いた場所で見た景色」を、命あるうち

に是が非でも後世に伝えようとした執念が伝わってきます。もちろん、それは松下翁しか見ることができなかったもので、後世に残すべきものでしょう。

だが、同じ「伝える」にしても、井手さんは違った。井手さんは、たどり着いた景色も大切だけど、主に「石ころだったこと」を伝えようとしていた。

そこからやっと、私の文章と井手さんの心の中がシンクロするようになった。そして、こうして最後のページに至ることになったのでした。

やっぱり、井手さんは「知的な変わり者」で自我が強い。

私が当初、想像していた本とは、少し違ったものになりました。

でも、もちろん、こっちのほうがいい仕上がりです。

井手さん、そして、何度も取材に付き合ってくださったヤッホーブルーイングの社員のみなさま。なにより、こうして最後まで付き合ってくださった読者のみなさま。ありがとうございました。

経済ジャーナリスト・夏目幸明（桂馬）

液化炭酸ガス
YONA
YONA
ALE

# ビールに味を！
# 人生に幸せを！

＼付録 今夜から使える／

# エールビールの楽しみ方

Tips for enjoying craft beer

# ほとんどの日本人が知らないもう1つのビール。

ビールは大きく分けて2つの種類に区分けされます。「エールビール」と大半の方がイメージする「ラガービール」です。その違いをひとことで言うと「ビール酵母」です。

ビール造りに必要な原料は、どちらも麦芽・ホップ・水で、製造工程も基本的には同じですが、エールビールは上面発酵の「エール酵母」が、ラガービールは下面発酵の「ラガー酵母」が、それぞれつくっています。

エール酵母は、香り豊かで味わい深いビールをつくるのが得意。一方、ラガー酵母は、スッキリした飲みやすいビールをつくるのが得意です。

このように、できあがるビールの味わいは、酵母の種類に左右されます。

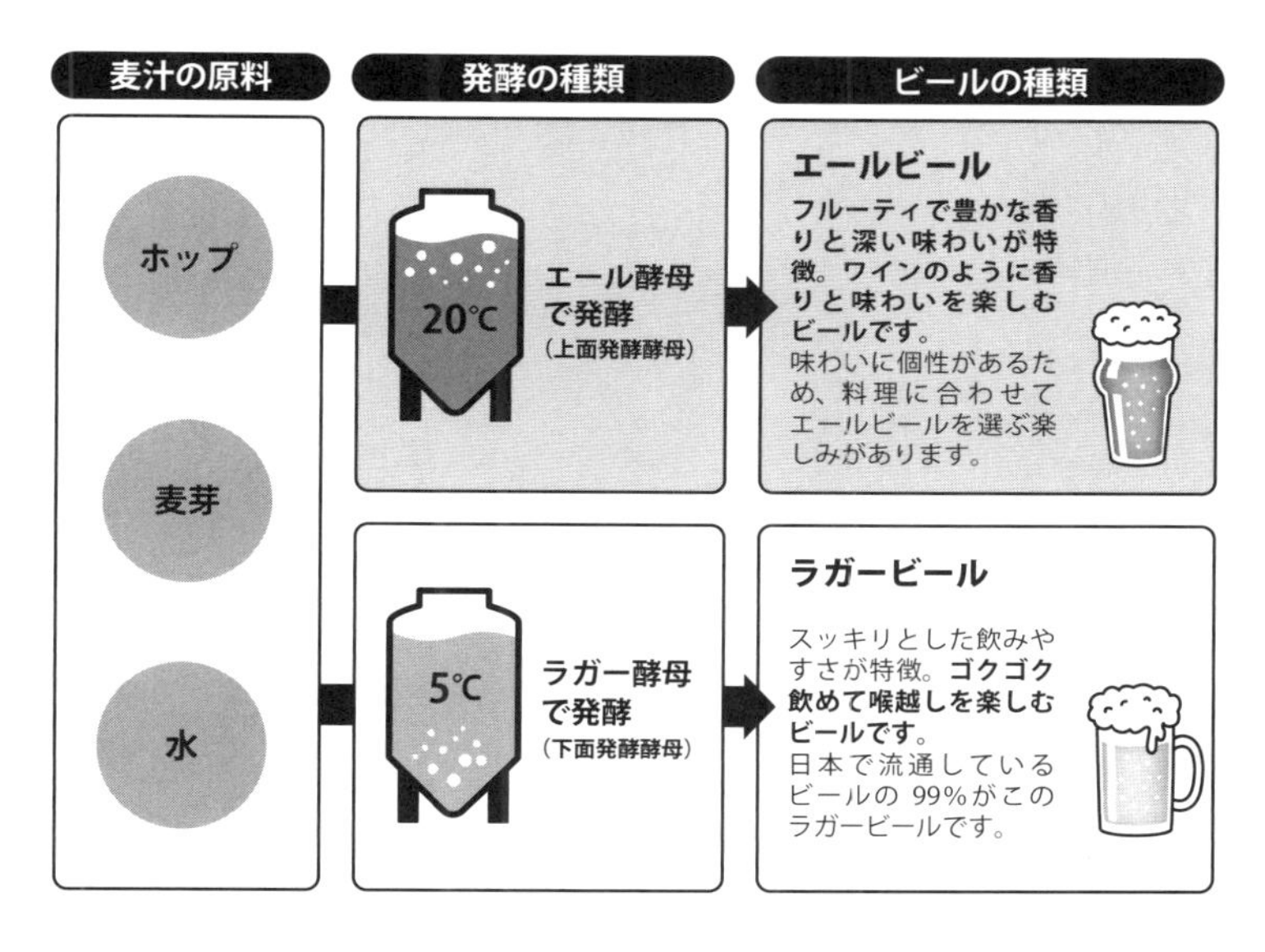


## ラガー酵母とエール酵母の性質の違い

| | ラガー酵母 | エール酵母 |
|---|---|---|
| ひとことで表すと | クールなヤツ | 陽気なヤツ |
| 好きな温度 | 寒い場所 | 暖かい場所 |
| お仕事のスタイル | コツコツ長期型 | 短期集中型 |
| 得意分野 | スッキリ喉越し | 複雑なアロマ |
| | | |

# 「ビアスタイル」による分類では、100種類以上のビールが存在します。

みなさんが「ビール」と聞いてイメージするビールは、「ラガービール」という種類に含まれ、スッキリ、ゴクゴク飲めるビール。

一方、ヤッホーブルーイングがつくっている「エールビール」は、色や香り、味わいをゆったりと楽しみながら飲むビール。ゴクゴクではなく、ワインのように香りと味わいをゆっくりと楽しむビールなのです。

香りや味わいは、まったく違います。そのため、エールビールを初めて飲んだ方は「これがビールなの？」と、驚かれることが多いです。

エールビールとラガービールは、ビールの分類では、一番大きなカテゴリーになります。

それぞれのカテゴリーのなかで、さらに、ビールの色やアロマ（香り）の特徴、使用する酵母や発祥の地などに基づいて細かく分類され、それらは「ビアスタイル」と呼ばれています。

ビアスタイルは１００種類以上にものぼり、それぞれの色・アロマ・味わい・歴史が異なります。

ブルワー（ビール職人）の日々の探求により、新しいビアスタイルが、いまも生まれ続けているのです！

# エールビールの良し悪しは、アロマで決まります。

エステル香 × ホップ香 × モルト香

エールビールの香りは主に、①エステル香、②ホップ香、③モルト香の3つが組み合わさってできています。

エステル香は、エール酵母がつくる、熟した果物のような甘い香り。パイン系とかバナナ系とかいろいろありますが、これは、酵母の種類によって、つくるエステルが違うからです。

次にホップ香。ホップというと苦みづけのイメージが強いかもしれませんが、よなよなエールに使われている「カスケードホップ」のように、柑橘類を思わせるフルーティな香りがするホップもあります。ホップも種類によって、柑橘・フローラル・スパイシー・グラッシーなど、さまざまな香りがあるのです。

モルト香は、キャラメル、ロースト（焙煎）、ハニーなどがあります。これもモルト（麦芽）の種類によります。

エステル香・ホップ香・モルト香の3つが合わさることで、複雑なエールのアロマができています。

それぞれの香りをうまーく引き出しつつ、いかにしてバランスよくまとめるかが、ブルワーの腕の見せ所です！

# エールビールをもっとおいしく楽しむ方法

種類が異なれば、おいしい飲み方も異なるもの。

エールビールの魅力である、バラエティに富んだ香りや味わいを楽しむためには、ちょっとした工夫があるんです。

しかも、とっても簡単!

エールビールをもっと楽しめるように、おいしく飲むための三カ条をご紹介いたします。

# 其ノ一 香り引き立つ13℃で飲むべし

エール本来の香りが、最も引き出される温度は13℃（※）。飲む前に少しだけ冷やすのがおすすめです。

よく冷えたキンキンのビールが5℃。この状態ではエールの香りが立たないため、おいしさは半減してしまいます。

ちょっと手間はかかりますが、ここはひとつ騙されたと思って、おすすめの温度をお試しください。エールビールの香りの広がり方がまったく違いますよ！

エールビールに合った飲み方で、本来のおいしさを味わってほしい。それが僕ら造り手の願いです。

※よなよなエールの場合。おすすめの飲み頃温度は、ビアスタイル（ビールの種類）によって異なります。

エールビールは香りが命。
「よなよなエール」は、
最も香りが引き立つ13℃で
ぜひお召し上がりください。

## 其ノ二 グラスに注ぐべし

エールビールの命とも言える香りを十分お楽しみいただくために、必ずグラスに注いでお召し上がりください。

香りが広がりやすくなり、エールビールの魅力をより深く体験することができます。

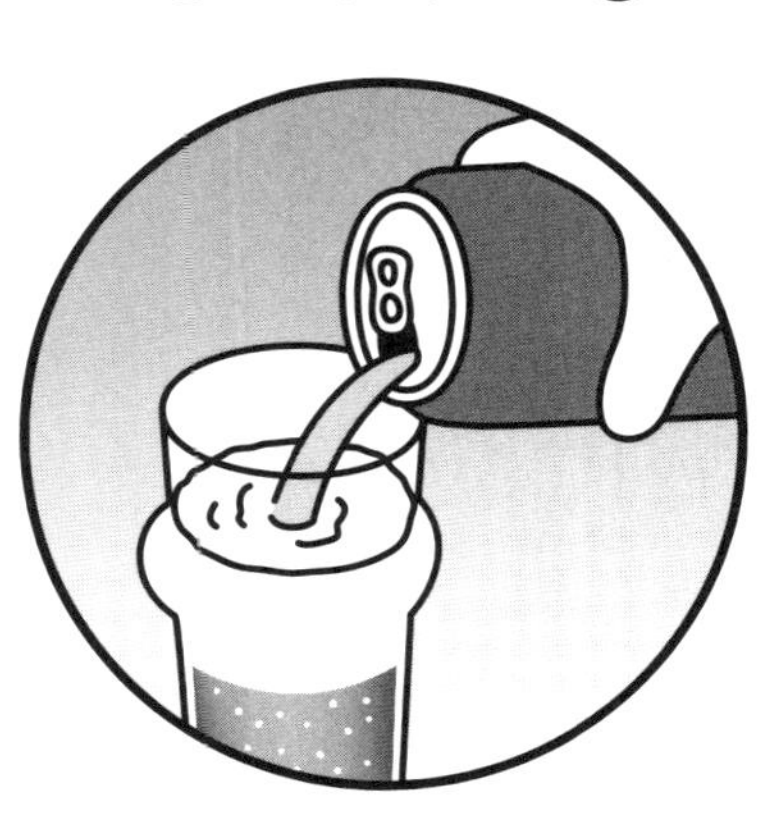

透明なグラスに勢いよくビールを注ぎ泡立てる。

▼

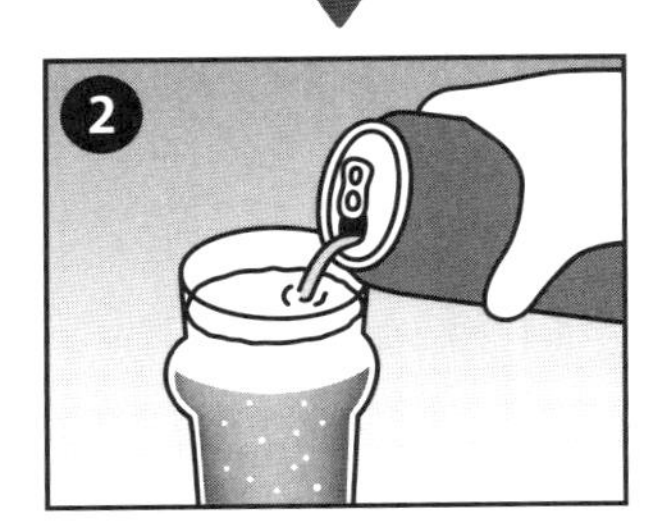

泡が落ち着いた頃に、残りを静かに注ぎ足します。

▼

まろやかな泡でふたをした、まるでパブで飲むかのような一杯が完成！

# 其ノ三
# ゆったりと味わうべし

エールビールをグラスに注いだあと、慌てて飲んではいけません。
一息ついて、まずは香りを楽しみましょう。スッと勢いよく嗅ぐと、エールビールの華やかなアロマを存分に楽しむことができます。
香りを十分に楽しんだ後、いよいよビールを飲み始めます。
いつもの「グビグビ」ではなく「チビチビ」と。一日の疲れを癒すように、ゆったりと味わうのもおいしく飲むための秘訣なんです。

まめ知識!

# よなよなエールを13℃にする方法

少しぬるめの13℃こそ、よなよなエール本来の「香り」と「味」が花ひらく温度。つまり、よなよな通が一番おいしいと感じる温度なのです。騙されたと思って、とりあえずやってみましょう。

## 冷蔵庫の術

常温のよなよなエールを用意。

◀

室温にあった冷蔵時間を下の表で調べる。

◀

**よなよなエール(缶)を12.5℃にするための冷蔵時間(分)と室温(℃)の関係**

| 室温(℃) | 13 | 15 | 18 | 20 | 23 | 25 | 28 | 30 |
|---|---|---|---|---|---|---|---|---|
| 冷蔵時間(分) | 7 | 35 | 57 | 70 | 87 | 98 | 111 | 120 |

※冷蔵庫の設定温度が5℃のときの値です。

決められた時間、
きっちり12・5℃に冷やす。
ガマン、ガマン！

▼

**冷蔵庫からそっと取り出して**
**グラスに注ぐとあら不思議！**
よなよなエールが
一番おいしい13℃になる。

めでたし、めでたし。

・季節によっては忍耐が必要です。
部屋が寒すぎる場合は事前に暖めよう。
・グラスに注がないと12・5℃。
グラスに注いで飲んでね。

**すぐ飲みたい！　そんなあなたに贈る裏技**
**まるでカップラーメンの術**

①よなよなエールを缶のまま冷蔵庫で、予め冷やしておく。
②よなよなエールの缶がそのまま入る断熱性の高い容器を用意する。
（例：カップラーメンの空き容器など）
③冷蔵庫で冷やした（5℃）よなよなエールの缶を未開封のまま容器に入れる。
④熱湯を用意し、大さじ２杯分を缶のふちに注いで３分間待つ。
⑤3分後に缶を取り出して、グラスに注ぐとあら不思議！
あっという間に飲み頃温度の13℃!!
※熱湯の分量は冷蔵庫の設定温度に合わせて調整してください。

今夜のあなたにピッタリのグラスはどれだ?!

# ビールをおいしく飲むグラス選手権

ビールの味わいはグラスによって変わるもの。好きなビールや、あなたの飲み方に合わせて、理想のグラスを選んでね。

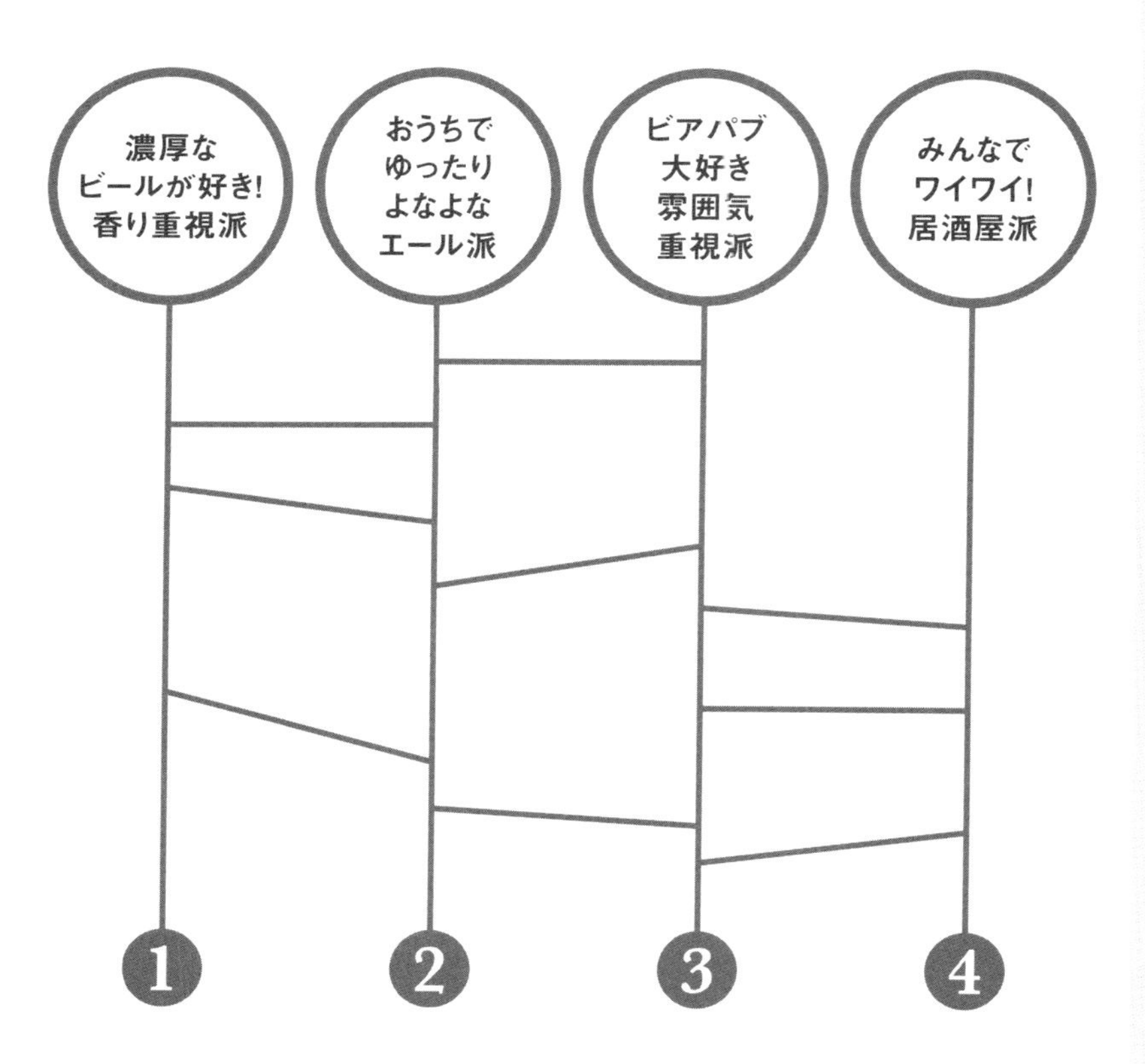

1

## よなよなエール
## オリジナルグラス

よなよなエール好きにおすすめしたい。350ml缶に合わせてつくったから、容量もばっちり！他のグラスとの違いはズバリ、口当たり。ガラスがとても薄いので、適量のビールが口に流し込め、モルトのコクを感じることができる。アロマも適度に広がる。

2

## ビール通ならご存知？
## USパイントグラス

ビアパブでよく見る伝統的なグラス。容量は１パイント（473ml）なので、缶を１本半消費しないとなみなみにできない。しかし口の中に入る大量のビールとホップのフレーバーは、アメリカのビアバーを感じさせる。１人飲みのとき、雰囲気を重視したいときに ◎。

3

## ビールと言えば
## 中ジョッキ！

キンキンに冷やした喉越しスッキリなラガービールにピッタリ。口が広くガラスが分厚いのでガバッと飲める。香りよりもモルト感を強く感じられる。重く頑丈なので、ガツンと乾杯しても大丈夫そう。たまには細かいことを気にせず飲みたい日に。

4

## ワイングラスじゃないよ
## チューリップグラス

ビール専用につくられたグラス。触れるととっても薄い！　泡のもちがよい（炭酸を閉じ込める効果がある）ので、ハイアルコールビールを時間をかけて楽しむのに適している。ビールを注ぐとアロマがふわっと立ち上る。得意分野は香り！特別な気分で楽しみたいときに ◎。

今夜の飲み会で
役に立つかも!

# 今夜から使える よなよなうんちく!

## Q 「よなよなエール」のフルーティな香りは どのフルーツでつけているの?

**A 「よなよなエール」に、フルーツは入っていません。**

柑橘類を思わせる果物のような香りが印象的ですが、原材料は麦芽・ホップ・水・エール酵母のみ。よなよなエールの香りのヒミツは、「エール酵母」と「ホップ」。香りをつくるのが得意な「エール酵母」と、「カスケードホップ」が、華やかなアロマをつくり出しています。ホップや酵母の種類によって、ビールの香りにバラエティが生まれるのです。

## Q ビールは新しいほうがおいしいの?

**A その答えは、YES でもあり、NO でもあります。**

「ビールは鮮度が命」とよく耳にしますよね。やっぱりつくりたてはおいしい!購入されたら、すぐお飲み頂くことをおすすめしています。とはいえ、「ハレの日仙人」のように、半年〜数年熟成させたビールもあるので一概に「鮮度だけ」とは言えないのが、またビールの奥深いところなのです。ビアスタイルによって、おいしい飲み頃が変わります。まさに「ビールは生き物」。

## Q ビールの色って、どうやってつけるの？

## A ビールの色は、使うモルトの種類と量が関係しています。

大麦を一度発芽させてから乾燥したものが、モルト（麦芽）。大麦が発芽し始めた頃を見計らって乾燥させると、モルトができあがります。乾燥温度などを変えることで、さまざまな種類のモルトをつくることができます。

「ペールエールモルト」はベースとなるモルト。「キャラメルモルト」「チョコレートモルト」は、甘味やロースト感など、エールビールの特徴づけのために使っています。つくりたいビールの味わいや色に合わせて、モルトを選んでいるということです。よなよなエールは、「キャラメルモルト」を使っているから、琥珀色のビールに仕上がっています。

## Q よなよなエールを、ぬるめの13℃で飲むとおいしいのはなぜ?

## A ズバリ「エールのアロマが最もよく感じられる温度」だから!

エールの命はアロマ。アロマの良し悪しが、エールの良し悪しを決めています。冷えすぎていると、エールの最大の魅力であるアロマを感じることができません。甘味や苦味といった味わいも、温度によって変わってくるのです。例えば、同じ炭酸ジュースでも、冷たいときよりもぬるいときのほうが甘く感じますよね？　それと同じように、甘味は温度が高くなるほど強く感じます。逆に苦味は、冷たいほど苦く感じるんです。よなよなエールをちょっとぬるめの13℃で飲むことをおすすめしているのは、よなよなエール本来の甘味・苦味・酸味などなどを味わってほしいという想いからです。

【著者紹介】
**井手直行**（いで　なおゆき）
ヤッホーブルーイング代表取締役社長。よなよなエール愛の伝道師。1967年生まれ。福岡県出身。国立久留米工業高等専門学校卒業。大手電気機器メーカー、広告代理店などを経て、1997年ヤッホーブルーイング創業時に営業担当として入社。地ビールブームの衰退で赤字が続くなか、ネット通販業務を推進して2004年に業績をV字回復させる。現在まで11年連続増収増益。全国200社以上あるクラフトビールメーカーのなかでシェアトップ。2008年社長就任。ニックネームは「てんちょ」。

ぷしゅ　よなよなエールがお世話になります
くだらないけど面白い戦略で社員もファンもチームになった話

2016 年 4 月 21 日　第 1 刷発行
2022 年 4 月 19 日　第 4 刷発行

著　者――井手直行
発行者――駒橋憲一
発行所――東洋経済新報社
〒103-8345　東京都中央区日本橋本石町 1-2-1
電話＝東洋経済コールセンター　03(5605)7021
https://toyokeizai.net/

装　丁……………萩原弦一郎・藤塚尚子（デジカル）
D T P……………ISSHIKI
カバーイラスト ……森野哲郎（スタジオ・ワット）
編集協力…………夏目幸明
印刷・製本 ………リーブルテック
編集担当…………水野一誠
　ISBN 978-4-492-50282-2